U0150092

智能配电网规划及运营

沈 鑫 骆 钊 陈 昊 编著

科学出版社

北 京

内 容 简 介

本书共七章，含智能配电网规划和智能配电网运营两大部分。第1~4章主要内容为智能配电网规划，包括有源配电系统分布式无功优化方法、配电网源荷协调控制策略、有源配电系统的鲁棒优化策略和配电网的有功无功协调优化技术。第5~7章主要内容为智能配电网运营，包括有源配电网优化调度、市场环境下的电力公司优化调度和开发配电网的主动运营辅助决策软件。

本书可供智能配电网科研、规划、运营等方面的技术人员使用，也可作为在该学科领域工作的科研和工程技术人员继续教育的教材或参考书。

图书在版编目（CIP）数据

智能配电网规划及运营 / 沈鑫等编著. —北京：科学出版社，2022.3
ISBN 978-7-03-060432-3

Ⅰ.①智… Ⅱ.①沈… Ⅲ.①智能控制－配电系统－电力系统规划－研究 ②智能控制－配电系统－运营管理－研究 Ⅳ.①TM727

中国版本图书馆 CIP 数据核字（2019）第 014102 号

责任编辑：叶苏苏 / 责任校对：杨 赛
责任印制：罗 科 / 封面设计：墨创文化

科学出版社 出版
北京东黄城根北街 16 号
邮政编码：100717
http://www.sciencep.com
四川煤田地质制图印刷厂 印刷
科学出版社发行 各地新华书店经销
*
2022 年 3 月第 一 版 开本：720×1000 1/16
2022 年 3 月第一次印刷 印张：8 1/4
字数：171 000
定价：119.00 元
（如有印装质量问题，我社负责调换）

前　　言

当前大量分布式电源、柔性负荷、储能、无功补偿装置等设备不断接入配电网，传统配电网正在逐步演变为具有众多可控资源的有源配电系统。智能配电网规划与运营是协调众多的有功无功可控资源，最大限度地实现系统降损节能和保证电压质量的重要课题。

现有的研究多着重于对分布式电源进行无功优化以保证有源配电系统运行的安全性，在系统经济运行优化方面则主要考虑调节分布式电源以及其他可调资源的有功出力。配电网中支路参数比较大，有功功率和无功功率耦合性较强，基于传统在输电网中适用的有功无功解耦理论来对配电网分别进行单方面有功/无功优化分析，是不够完整和全面的。一方面，从系统运行经济性考虑，有功优化可以降低发电成本，而通过调节无功功率能降低系统网损，间接提高经济效益，将有源配电系统中的有功无功资源进行协调优化调控，能最大化减少能源浪费，达到系统运行经济效益最优的目的；另一方面，从系统运行安全性考虑，传统配电网通常通过无功控制手段来实现安全稳定运行，但随着多种分布式可调控设备接入配电网，其有功出力也会影响电网的电压水平、潮流分布，通过调整有功资源，也可起到调整系统电压，保证系统安全稳定运行的作用。因此，无论是从安全性还是从经济性角度考虑，都有必要从有功无功协调优化角度出发对有源配电系统进行综合协调优化，在保证安全稳定运行的同时实现系统效益最大化。

本书共七章，第1～4章主要内容为智能配电网规划，第5～7章主要内容为智能配电网运营。智能配电网规划部分，从有源配电系统的分布式无功优化方法出发，进一步深入研究对于网络规模大、分布式电源渗透率高、分区数较多的有源配电系统的有功无功协调优化技术。其中，第1章基于等网损微增率原则提出了一种分布式无功优化方法，实现了全局网损的分区分布式优化。第2～4章介绍了智能配电网理论中的几类有功无功协调优化技术。第5章结合有源配电网的实际情况对其建立最优潮流调度模型，与经典经济调度相比，最优潮流可以包含的约束条件更多，优化结果精度也更高。第6章在电力市场环境下从电力公司运营的角度对配电网的优化调度进行研究，电力市场是电能买卖双方的集合，能够创造一种具有竞争关系的环境，打破垄断，研究电力公司在市场环境下的运行成本，对提高全行业的效益有重要意义。第7章在前面理论研究的基础上，基于MATLAB-GUI程序进行了所研究非市场模式下的配电网主动运营策略和市场运营模式下第三方主动运营策略的程序设计，形成了配电网基于差异化用电成本的主动运营辅助决策软件。

随着分布式电源、柔性负荷、储能、无功补偿装置等设备不断接入配电网，传统配电网正在逐步演变为具有众多可控资源的有源配电系统。电压质量能否保证，系统降损节能能否最大限度实现不仅关系到电力投资者、经营者的经济利益，同时也关系到每一个使用者的利益，智能配电网规划与运营是协调众多的有功无功可控资源，最大限度实现系统降损节能和保证电压质量的重要课题。

本书在国家重点研发计划项目"复杂用电工况下的电量在线计量技术研究"（2016YFF0201202）的研究成果基础上，重点研究和分析无功功率/无功电能、谐波计量的高精度计量技术，开发计量标准装置，为建立和推广无功计量、非线性负荷计量、体系作技术准备。

由于作者水平有限，书中难免存在疏漏之处，恳请读者批评指正。

目　　录

第1章　基于等网损微增率的有源配电系统分布式无功优化方法

对配电系统进行无功优化对于提高电能质量、稳定电网运行具有重大意义，传统的无功优化主要是采取数学策略并以合理的无功调节方式去满足电网系统运行期间的各项经济指标以及安全指标，操作过程复杂，涉及众多的非线性规划以及相关的实数规划问题。

本章介绍了基于等网损微增率的有源配电系统分布式无功优化方法，基于等网损微增率原则建立了有源配电系统（Active Distribution System，ADS）无约束分布式无功优化控制模型，提出了分区节点等网损微增率修正方法，有效满足了系统功率电压约束，提高了电能质量以及电网运行的稳定性。相比于传统的优化，本章提到的无功优化方法模型简单，收敛速度快，能有效应用于大规模网络、分布式电源渗透率高、分区数多的有源配电系统，适应性强。

1.1　等网损微增率原则

在保证系统电压满足约束的情况下，全局有功网损是 ADS 无功优化的主要目标。而 ADS 有功流所产生的网损由系统有功经济调度确定，因此 ADS 无功优化目标如下所示：

$$P_{\text{loss}} = \sum_{j=1}^{N_l} \frac{R_{Lj}}{V_{Lj}^2} Q_{Lj}^2 \qquad (1\text{-}1)$$

式中，N_l 表示配电网的支路数；Q_{Lj} 表示线路 j 首端或末端的无功功率；V_{Lj} 表示对应的端点电压；P_{loss} 表示有功率损耗；R_{Lj} 表示电阻。

在不考虑电压及支路功率约束的情况下，全局网损最优的条件即为有功网损对无功输出的微增率（网损微增率）为 0，如下所示：

$$\frac{\partial P_{\text{loss}}}{\partial Q_i} = 2 \sum_{j \in L_{0i}} \frac{R_{Lj}}{V_{Lj}^2} Q_{Lj} = 0, \quad i \in G \qquad (1\text{-}2)$$

式中，L_{0i} 表示全局平衡节点到节点 i 的线路集合；G 表示分布式发电装置（Distributed Generation，DG）或无功补偿装置所在的节点集合。

通过式（1-2）进行等网损微增率计算时，需将线路的无功损耗平分到线路两端，以防止无功损耗的差异对全局收敛性的影响，此时线路两端的无功流表达式按照以下公式进行计算：

$$Q'_{ij} = (Q_{ij} - Q_{ji})/2 \qquad (1\text{-}3)$$

式中，Q'_{ij} 表示线路 i，j 两端的无功流；Q_{ij} 表示从节点 i 流向节点 j 的无功功率；Q_{ji} 表示从节点 j 流向节点 i 的无功功率。

由式（1-2）可知，当所有 DG 或无功补偿装置的等网损微增率为 0 时，全局达到网损最优状态。当不考虑系统电压功率约束以及线路无功损耗时，式（1-2）为线性方程组，因此基于 DG 无功出力初始值所决定的潮流状态通过式（1-2）求解 DG 无功出力调整值以趋向最优状态具有较快的收敛速度。根据各个分区所能直接获得的信息对式（1-2）进行变形，如下所示：

$$\sum_{j \in L_{0m}} \frac{R_{Lj}}{V_{Lj}^2} Q_{Lj} = -\sum_{j \in L_{mi}} \frac{R_{Lj}}{V_{Lj}^2} Q_{Lj}, \quad i \in G \qquad (1\text{-}4)$$

式中，m 表示节点 i 所在分区的平衡节点的标号；L_{mi} 表示节点 m 到节点 i 的线路集合。

式（1-4）中，等号左边的项表示节点 i 所在分区的平衡节点的等网损微增率，可通过与上游邻居分区的信息交互获得，从而各个分区均可根据式（1-4）利用分区潮流信息计算 DG 或无功补偿装置的调整值以不断趋向最优状态，实现全局网损的分布式优化。由于每次迭代均需进行潮流计算，前次迭代忽略的无功损耗将在下次得到补偿，几乎不影响最终优化效果。

1.2 电压控制数学模型

1.2.1 分布式有源配电网电压波动安全预警评估模型

在分布式有源配电网电压波动安全预警评估模型中，根据分布式电源发出的最大和最小有功功率预测值，以及最大和最小无功功率预测值，确定分布式电源注入配电网的有功功率区间和无功功率区间，并将上述区间发送至主动配电网调度中心，包括：

$$\begin{cases} \left[P_{Gj}^{\min,\varphi}, P_{Gj}^{\max,\varphi} \right], & \forall j \in N_{PQ}; \varphi \in \{a,b,c\} \\ \left[Q_{Gj}^{\min,\varphi}, Q_{Gj}^{\max,\varphi} \right], & \forall j \in N_{PQ}; \varphi \in \{a,b,c\} \end{cases} \qquad (1\text{-}5)$$

式中，N_{PQ} 为 PQ 节点的集合；$\{a, b, c\}$ 为三相的集合；$P_{Gj}^{\min,\varphi}$ 和 $P_{Gj}^{\max,\varphi}$ 分别为在 φ 相中节点 j 的分布式电源注入有功功率的下界和上界；$Q_{Gj}^{\min,\varphi}$ 和 $Q_{Gj}^{\max,\varphi}$ 分别为在 φ 相中节点 j 的分布式电源注入无功功率的下界和上界。

在分布式有源配电网电压波动安全预警评估模型中，以最大化或最小化节点电压幅值为目标，模型具体包括以下内容。

（1）建立分布式有源配电网电压波动安全预警评估模型的目标函数：

$$\min/\max \quad v_j^\varphi, \quad \forall j \in N_{PQ}, \quad \varphi \in \{a,b,c\} \tag{1-6}$$

式中，v_j 为节点 j 的电压幅值的平方。

（2）配电网潮流区间约束：

$$
\begin{cases}
P_{Gj}^{\min,\varphi} - P_{Dj}^\varphi \leqslant \sum\limits_{k:j \to k} P_{jk}^\varphi - \sum\limits_{i:i \to j} (P_{ij}^\varphi - r_{ij}^\varphi \ell_{ij}^\varphi) + g_j^\varphi v_j^\varphi \leqslant P_{Gj}^{\max,\varphi} - P_{Dj}^\varphi, \quad \forall j \in N_{PQ} \\[2mm]
Q_{Gj}^{\min,\varphi} + Q_{Cj}^\varphi - Q_{Dj}^\varphi \leqslant \sum\limits_{k:j \to k} Q_{jk}^\varphi - \sum\limits_{i:i \to j} (Q_{ij}^\varphi - x_{ij}^\varphi \ell_{ij}^\varphi) + b_j^\varphi v_j^\varphi \leqslant Q_{Gj}^{\max,\varphi} + Q_{Cj}^\varphi - Q_{Dj}^\varphi, \quad \forall j \in N_{PQ} \\[2mm]
v_i^\varphi - v_j^\varphi = 2(r_{ij}^\varphi P_{ij}^\varphi + x_{ij}^\varphi Q_{ij}^\varphi) - ((r_{ij}^\varphi)^2 + (x_{ij}^\varphi)^2)\ell_{ij}^\varphi, \quad \forall(i,j) \in E \\[2mm]
\ell_{ij}^\varphi = \dfrac{(P_{ij}^\varphi)^2 + (Q_{ij}^\varphi)^2}{v_i^\varphi}, \quad \forall(i,j) \in E
\end{cases}
$$

$$\tag{1-7}$$

式中，配电网的电力连通图 $G = (N, E)$，N 为节点集合，E 为线路集合；(i,j) 表示线路，由节点 i 指向节点 j；对于任意 $(i,j) = E$，线路的阻抗为 $z = r_{ij} + \mathrm{j}x_{ij}$，且有 $y = 1/z_{ij} = g_{ij} - \mathrm{j}b_{ij}$；$\ell_{ij}$ 为线路 l_{ij} 的电流幅值 $|l_{ij}|$ 的平方。定义 $S_{ij} = P_{ij} + Q_{ij}$ 表示始端节点的复功率，且由节点 i 流向节点 j；I_{ij} 为由节点 i 流向节点 j 的线路电流相量；对于任意节点 $i \in N$，节点并联阻抗为 $z_i = r_i + \mathrm{j}x_i$；且有 $y_i = 1/z_i = g_i - \mathrm{j}b_i$；$V_i$ 为节点电压幅值，v_i 为节点 i 的电压幅值的平方。

（3）配电网 PV 节点电压约束：

$$v_j = v_j^s, \quad \forall j \in N_{PV} \tag{1-8}$$

式中，N_{PV} 为 PV 节点的集合；v_j^s 为 PV 节点 j 的电压幅值的平方的设定值。

（4）配电网平衡节点约束：

$$v_j = v_j^s, \quad \forall j \in N_{RE} \tag{1-9}$$

式中，N_{RE} 为平衡节点的集合。定义 v_{ref}^s 和 θ_{ref}^s 分别为平衡节点的电压幅值的平方的设定值和电压相角。

线路潮流方程含有以下二次等式约束：

$$\ell_{ij} = \frac{P_{ij}^2 + Q_{ij}^2}{v_i}, \quad \forall(i,j) \in E \tag{1-10}$$

上述二次等式约束作为非凸源，导致原模型为一个非线性规划模型，此类模型目前仍缺乏理论上严格有效的求解方法。基于上述约束的特点，本章对线路潮流方程中的二次等式约束进行松弛处理，得到具有凸特性的二次锥约束，如下所示：

$$\ell_{ij}v_i \geqslant P_{ij}^2 + Q_{ij}^2, \quad \forall (i,j) \in E \tag{1-11}$$

上述公式可表示为具有凸特性的二次锥的形式，如下所示：

$$\left\| \begin{matrix} 2P_{ij} \\ 2Q_{ij} \\ \ell_{ij} - v_i \end{matrix} \right\|_2 \leqslant \ell_{ij} + v_i, \quad \forall (i,j) \in E \tag{1-12}$$

经过上述松弛后，原模型的非凸可行域将被松弛为一个二次锥可行域。在分布式有源配电网电压波动安全预警评估模型中，基于凸规划将原模型转化为二次锥凸规划模型，通过工程优化算法求解所得二次锥凸规划模型，获取每个节点的电压幅值波动范围。所述二次锥凸规划模型如下：

$$\min / \max : \quad v_j^\varphi, \quad \forall j \in N_{\mathrm{PQ}}, \quad \varphi \in \{a,b,c\} \tag{1-13}$$

s.t.

$$
\begin{cases}
P_{Gj}^{\min,\varphi} - P_{Dj}^{\varphi} \leqslant \sum\limits_{k:j \to k} P_{jk}^{\varphi} - \sum\limits_{i:i \to j} (P_{ij}^{\varphi} - r_{ij}^{\varphi} e_{ij}^{\varphi}) + g_j^{\varphi} v_j^{\varphi} \leqslant P_{Gj}^{\max,\varphi} - P_{Dj}^{\varphi}, \quad \forall j \in N_{\mathrm{PQ}} \\[2mm]
Q_{Gj}^{\min,\varphi} + Q_{Cj}^{\varphi} - Q_{Dj}^{\varphi} \leqslant \sum\limits Q_{jk}^{\varphi} - \sum (Q_{ij}^{\varphi} - x_{ij}^{\varphi} \ell_{ij}^{\varphi}) + b_j^{\varphi} v_j^{\varphi} \leqslant Q_{Gj}^{\max,\varphi} + Q_{Cj}^{\varphi} - Q_{Dj}^{\varphi}, \quad \forall j \in N_{\mathrm{PQ}} \\[2mm]
v_i^{\varphi} - v_j^{\varphi} = 2(r_{ij}^{\varphi} P_{ij}^{\varphi} + x_{ij}^{\varphi} Q_{ij}^{\varphi}) - ((r_{ij}^{\varphi})^2 + (x_{ij}^{\varphi})^2) \ell_{ij}^{\varphi}, \quad \forall (i,j) \in E \\[2mm]
\left\| \begin{matrix} 2P_{ij}^{\varphi} \\ 2Q_{ij}^{\varphi} \\ \ell_{ij}^{\varphi} - v_i^{\varphi} \end{matrix} \right\|_2 \leqslant \ell_{ij}^{\varphi} + v_i^{\varphi}, \quad \forall (i,j) \in E
\end{cases}
$$

$$\tag{1-14}$$

$$
\begin{cases}
v_j = v_{\mathrm{ref}}^s, \quad \forall j \in N_{\mathrm{RE}} \\
\theta_j = \theta_{\mathrm{ref}}^s, \quad \forall j \in N_{\mathrm{RE}}
\end{cases}
\tag{1-15}
$$

式中，通过对主动配电网潮流区间约束进行二次锥松弛凸处理后，有源配电网分布式电压波动的非凸可行域将被松弛为一个具有凸特性的二次锥可行域。

1.2.2　分布式无功电压协调优化模型

1. 目标函数

在本章所述分布式无功电压协调优化模型中，以最小化网络损耗为目标函数，如下所示：

$$\min \quad f = \sum_{(i,j)\in E} r_{ij}\ell_{ij} + M\sum_{e\in\psi}(P_{\mathrm{DG},e}^{\mathrm{MPFT}} - P_{\mathrm{DG},e}) \tag{1-16}$$

式中，f 为配电网的网络损耗；E 为线路集合；(i,j) 表示线路 l_{ij}；r_{ij} 为线路的电阻；ℓ_{ij} 为线路 l_{ij} 的电流幅值的平方；M 为用于避免弃风或弃光的惩罚因子；ψ 为分布式电源的集合；$P_{\mathrm{DG},e}^{\mathrm{MPFT}}$ 为光伏、风力发电等分布式电源的最大有功功率跟踪值；$P_{\mathrm{DG},e}$ 为分布式电源 e 运行时发出的有功功率。

2. 节点功率平衡约束

$$\begin{cases} P_{Gj} - P_{Dj} = \sum_{k:j\to k} P_{jk} - \sum_{i:i\to j}(P_{ij} - r_{ij}\ell_{ij}) + g_j v_j \\ Q_{Gj} - Q_{Dj} = \sum_{k:j\to k} Q_{jk} - \sum_{i:i\to j}(Q_{ij} - x_{ij}\ell_{ij}) + b_j v_j \\ v_i - v_j = 2(r_{ij}P_{ij} + x_{ij}Q_{ij}) - (r_{ij}^2 + x_{ij}^2)\ell_{ij} \\ \ell_{ij} = \dfrac{P_{ij}^2 + Q_{ij}^2}{v_i} \end{cases} \tag{1-17}$$

定义 N 为节点集合；对于任意 $(i,j)\in E$，线路 l_{ij} 的阻抗为 $z_{ij} = r_{ij} + jx_{ij}$，且有 $y_{ij} = 1/z_{ij} = g_{ij} - jb_{ij}$；$I_{ij}$ 为由节点 i 流向节点 j 的线路电流幅值；ℓ_{ij} 为线路 l_{ij} 的电流幅值的平方；$S_{ij} = P_{ij} + jQ_{ij}$，表示始端节点的复功率，且由节点 i 流向节点 j；对于任意节点 $i\in N$，节点并联阻抗为 $z_i = r_i + jx_i$，且有 $y_i = 1/z_i = g_i - jb_i$；V_i 为节点电压幅值；v_i 为节点 i 的电压幅值的平方；P_{Gj} 和 P_{Dj} 分别为节点 j 的发电机和负荷的注入有功功率；Q_{Gj} 和 Q_{Dj} 分别为节点 i 的发电机和负荷的注入无功功率。

3. 节点电压幅值约束

$$V_{i,\min} \leqslant V_i \leqslant V_{i,\max}, \quad \forall i\in N \tag{1-18}$$

式中，$V_{i,\min}$ 和 $V_{i,\max}$ 分别为节点 i 的电压幅值下界和上界。上述约束可表示为

$$V_{i,\min}^2 \leqslant v_i \leqslant V_{i,\max}^2 \quad \forall i\in N \tag{1-19}$$

4. 线路电流约束

$$I_{ij} \leqslant I_{ij,\max}, \quad \forall(i,j)\in E \tag{1-20}$$

式中，$I_{ij,\max}$ 为通过线路 l_{ij} 的电流幅值的上界。上述约束可表示为

$$\ell_{ij} \leqslant I_{ij,\max}^2, \quad \forall(i,j)\in E \tag{1-21}$$

5. 变电站侧配电变压器节点的有功功率和无功功率约束

$$\begin{cases} P_{s,\min} \leqslant P_s \leqslant P_{s,\max} \\ Q_{s,\min} \leqslant Q_s \leqslant Q_{s,\max} \end{cases} \tag{1-22}$$

式中，$P_{s,\min}$ 和 $P_{s,\max}$ 分别为变电站侧配电变压器节点的有功功率下界和上界；$Q_{s,\min}$ 和 $Q_{s,\max}$ 分别为变电站侧配电变压器节点的无功功率下界和上界。

6. 分布式电源接入配电网的运行约束

$$\begin{cases} 0 \leqslant P_{\text{DG},i} \leqslant P_{\text{DG},i}^{\text{MPPT}} \\ P_{\text{DG},i}^2 + Q_{\text{DG},i}^2 \leqslant (S_{\text{DG},i}^{\max})^2 \\ Q_{\text{DG},i} = P_{\text{DG},i} \tan\varphi \end{cases} \tag{1-23}$$

式中，$Q_{\text{DG},i}$ 为分布式电源 i 运行时发出的无功功率；$S_{\text{DG},i}^{\max}$ 为分布式电源 i 的视在容量；φ 为分布式电源运行时的功率因数角。

7. 变压器离散变比约束

$$\kappa_{ij} = \frac{V_k}{V_j} \tag{1-24}$$

式中，κ_{ij} 为变压器支路 l_{ij} 中理想变压器变比，为离散数值；V_k 和 V_j 为理想变压器两端的节点电压幅值。

8. 连续无功补偿装置运行约束

$$Q_{\text{COM},i}^{\min} \leqslant Q_{\text{COM},i} \leqslant Q_{\text{COM},i}^{\max}, \quad i \in \Omega_{\text{COM}} \tag{1-25}$$

式中，$Q_{\text{COM},i}^{\min}$ 和 $Q_{\text{COM},i}^{\max}$ 分别为 $Q_{\text{COM},i}$ 的运行下界和上界；Ω_{COM} 为连续无功补偿装置的集合。

9. 离散无功补偿装置运行约束

$$Q_{\text{cb},i} = kQ_{\text{cb},i}^{\text{sep}} V_i^2, \quad i \in \Omega_{\text{CB}}; k = 0,1,2,\cdots,K_i \tag{1-26}$$

式中，$Q_{\text{cb},i}$ 为分组投切电容器组运行时发出的无功功率；k 为分组投切电容器组的组数，取值范围为 $0 \sim K_i$；$Q_{\text{cb},i}^{\text{sep}}$ 为在单位标幺电压下，分组投切电容器组投运一组电容时发出的无功功率；Ω_{CB} 为含分组投切电容器组的节点集合。

1.3　基于二阶锥规划的分布式无功优化算法

1.3.1　变压器离散变比约束特性分析及凸变换

1. 变压器离散变比约束的特性分析

与变压器支路对应的变压器离散变比约束为非线性约束，并可整理为双线性等式：

$$V_k = \kappa V_j \tag{1-27}$$

由于配电网变压器通常采用不连续的分接头调压方式，因此式（1-28）中的变压器变比为离散数值。可见，该约束为具有离散控制变量的非线性约束，显著增加了分布式有源配电网无功电压协调优化模型的处理难度。

2. 变压器离散变比约束的凸变换

基于变压器功率注入模型，对变压器约束进行凸变换，降低变压器离散变比约束的求解难度。与变压器常规模型相比，变压器功率注入模型主要对理想变压器进行了处理，具体包括以下内容。

（1）从节点 k 注入的功率为 $P_k + jQ_k$，从节点 j 注入的功率为 $P_j + jQ_j$；

（2）理想变压器离散变比约束 $V_k = \kappa V_j$。

结合图 1-1 所示的变压器功率注入模型，对理想变压器离散变比约束进行如下处理。

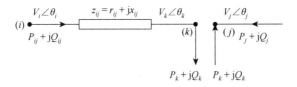

图 1-1　变压器功率注入模型

步骤一：对理想变压器离散变比约束的两端进行平方处理，并将变比表示为分接头挡位的形式：

$$v_k = \kappa_{ij}^2 v_j \tag{1-28}$$

步骤二：将理想变压器的变比表示为分接头挡位的形式：

$$\begin{cases} \kappa_{ij} = \kappa_{ij}^{np}(1+(t_{ij}-t_{ij}^{np})\Delta t_{ij}) \\ t_{ij} \in \{1,\cdots,t_{ij}^{np},\cdots,T_{ij}\} \end{cases}, \quad \forall (i,j)\in E_T \tag{1-29}$$

式中，E_T 为变压器支路的集合；κ_{ij}^{np} 为变压器的分接头位于中性点时的变比；t_{ij} 为变压器分接头挡位，其中 t_{ij}^{np} 为变压器分接头位于中性点的挡位；Δt_{ij} 为变压器分接头的调压步长；T_{ij} 为变压器分接头挡位数量。

步骤三：引入连续变量和二进制变量，将理想变压器离散变比约束转化为线性约束：

$$\begin{cases} v_k = \sum_{w=1}^{T_{ij}} (\kappa_{ij}^{np}(1+(t_{ij}^w-t_{ij}^{np})\Delta t_{ij}))^2 h_w \\ v_j = \sum_{w=1}^{T_{ij}} h_w \\ 0 \leqslant h_w \leqslant V_{i,max}^2 u_w, \quad w=1,2,\cdots,T_{ij} \\ \sum_{w=1}^{T_{ij}} u_w = 1 \end{cases} \tag{1-30}$$

式中，h_w 和 u_w 分别为引入的连续变量和二进制变量。式（1-30）保证了变压器的分接头只能位于一个挡位上，经过上述处理步骤，变压器离散变比约束被转化为具有凸特性的线性约束。

1.3.2　离散无功补偿装置运行约束特性分析及凸变换

1. 离散无功补偿装置运行约束的特性分析

在本章所述有源配电网分布式无功协调优化模型中，离散无功补偿装置的运行约束具有以下两个特征：①分组投切电容器组的组数为离散数值，该离散控制变量使原模型的解空间变得不连续；②与传统离散型分组投切电容器组不同，考虑分组投切电容器组发出的无功功率受节点电压幅值的影响。由离散无功补偿装置的运行约束的特征可知，该约束的次数为 3，属于高阶非线性约束。另外，离散的电容器组数也显著增加了该约束的出力难度。

2. 离散无功补偿装置运行约束的凸变换

本章在引入连续变量和二进制变量的同时，通过降阶处理，将离散无功补偿装置运行约束转化为线性约束，具体步骤如下。

步骤一：对离散无功补偿装置运行约束进行降阶处理：

$$Q_{cb,i} = kQ_{cb,i}^{scp}v_i \tag{1-31}$$

步骤二：引入连续变量，将式（1-31）转化为线性约束形式，如下所示：

$$\begin{cases} -M_i(1-w_i^k) \leqslant Q_{cb,i} - kQ_{cb,i}^{sic} v_i \leqslant M_i(1-w_i^k) \\ M_i = K_i Q_{cb,i}^{scc} V_{i,max}^2 \end{cases} \tag{1-32}$$

式中，w_i^k 为引入的连续变量。

步骤三：为了保证投切的电容器组数为唯一的离散数值，需增加以下约束：

$$\begin{cases} \sum_{k=0}^{K_i} B_i^k = 1 \\ B_i^k \in \{0,1\} \end{cases}, \quad i \in \Omega_{CB}, \quad k = 0,1,2,\cdots,K_i \tag{1-33}$$

式中，B_i^k 为引入的二进制变量。

1.3.3　线路潮流模型的松弛处理

通过线路潮流模型（Branch Flow Model，BFM）来描述配电网的节点功率平衡约束。在线路潮流模型中，含有二次等式约束，即

$$\ell_{ij} = \frac{P_{ij}^2 + Q_{ij}^2}{v_i} \tag{1-34}$$

上述二次等式约束属于非凸源，导致原分布式有源配电网无功电压协调优化问题为一个 NP 难问题。为了有效处理上述约束，将该约束松弛为二次锥的形式，如下所示：

$$\left\| \begin{matrix} 2P_{ij} \\ 2Q_{ij} \\ \ell_{ij} - v_i \end{matrix} \right\|_2 \leqslant \ell_{ij} + v_i \tag{1-35}$$

配电网节点功率平衡约束可表示为

$$\begin{cases} P_{Gj} - P_{Dj} = \sum_{k:j\to k} P_{jk} - \sum_{i:i\to j}(P_{ij} - r_{ij}\ell_{ij}) + g_j v_j \\ Q_{Gj} - Q_{Dj} = \sum_{k:j\to k} Q_{jk} - \sum_{i:i\to j}(Q_{ij} - x_{ij}\ell_{ij}) + b_j v_j \\ v_i - v_j = 2(r_{ij}P_{ij} + x_{ij}Q_{ij}) - (r_{ij}^2 + x_{ij}^2)\ell_{ij} \\ \left\| \begin{matrix} 2P_{ij} \\ 2Q_{ij} \\ \ell_{ij} - v_i \end{matrix} \right\|_2 \leqslant \ell_{ij} + v_i \end{cases} \tag{1-36}$$

经过以上二次锥松弛处理后，原有源配电网分布式无功电压协调优化模型的解空间被松弛为一个具有凸特性的二次锥可行域。

1.4　无功优化流程及通信中断分析

1.4.1　分布式无功优化流程

根据所提无功优化方法，ADS 分布式无功优化的主要流程如下。

（1）各个分区采集区内信息，除平衡节点所在分区外，其余分区将与上游邻居分区相邻的边界节点作为平衡节点，初始化无功优化变量，设置迭代次数 $k = 0$。

（2）各个分区进行分区潮流计算，进行无功优化求解，并进行校验。根据优化结果重新进行潮流计算，利用计算结果及潮流计算结果进行分区信息交互。

（3）主站区判断网损是否收敛，若未收敛，则继续进行步骤（2），若收敛，且不存在功率电压越限或越限的功率电压经再优化后处于允许的范围内，则无功优化结束，若存在功率电压越限，转到步骤（4）。

（4）各个分区将越限最大的节点电压和支路功率传递至主站区，主站区将全局越限最大的节点电压及支路功率传递至各个分区，各分区修正分区平衡节点、主站区边界节点或越限支路末端节点的等网损微增率，转到步骤（2）。

ADS 分布式无功优化的详细流程图如图 1-2 所示。

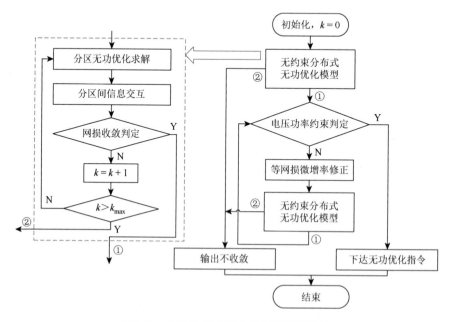

图 1-2　ADS 分布式无功优化控制流程图

在图 1-2 中，当迭代次数大于指定次数时，系统将输出不收敛，此时并非算法本身不收敛，而可能出于两种原因，一是系统指定的最大迭代次数较小；二是系统无功资源不足，造成无法满足指定约束。此时仍可根据最后迭代所得的优化结果进行优化调度，以尽量降低系统功率电压越限程度，优化系统有功网损。

1.4.2　通信中断分析

由于所建立的增强型 ADS 分布式优化框架存在一定的通信冗余，当系统中部分通信中断时，各个分区可以通过主站通信或区间通信作为中转通信实现与其他相邻分区或主站区的通信，因此区间通信中的任何一条通信线路故障均不会影响最终优化结果。系统通信线路故障时的协调通信方法如图 1-3 所示。

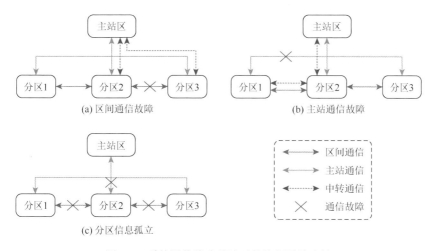

图 1-3　系统通信线路故障时的协调通信方法

（1）部分区间通信线路故障：通信中断的两个相邻分区将主站区作为通信中转点交互信息。虽然增加了相邻分区通信的时延，但仍可保证网损优化的全局性。此时需根据中转通信时延修正公式所示的超前补偿项，以降低无功振荡，提高无功优化的收敛速度。

（2）部分主站通信线路故障：各分区以邻居分区作为中转通信点与主站区进行通信，由于区间通信性能较优，且主站通信数据量较小，几乎不影响全局优化结果。

（3）信息孤立分区：当某个区中断了与所有相邻分区以及主站区的通信联络时，该分区成为信息孤立分区，仅能进行区内无功优化。此时其余分区仍可根据孤立分区的历史数据估计孤立分区的当前状态进行区间无功协调优化，实现局部无功优化控制。

1.5　算 例 分 析

为了验证所提分布式无功优化方法的有效性和对大规模、多分区 ADS 的适应性,将 IEEE33 节点和 IEEE69 节点有源配电系统划分为多个分区,并基于 MATLAB 开发 ADS 分布式无功优化程序。对于图 1-4 所示包含 8 个分区的 IEEE33 节点分区方式,共存在 8 个分布式光伏发电单元,分别位于{3, 6, 11, 16, 21, 24, 27, 30},有功输出均为 250kW,无功输出最大值为 250kvar。对于图 1-5 所示包含 12 个分区的 IEEE69 节点分区方式,共存在 10 个分布式光伏发电单元,分别分布于 {3, 8, 19, 27, 31, 38, 42, 48, 54, 66},有功输出均为 300kW,相应逆变器视在功率模值为 400kV·A。节点 12 处配置了容量为 300kvar 的静止无功补偿装置 (Static Var Compensator, SVC)。节点 61 处配置了 6 组电容器 (FC),每组电容器的容量均为 50kvar。设置仿真参数 $\mu = 0.75$, $\alpha_v = 40$, $\alpha_0 = 0.3$, $\varepsilon_{loss} = 1 \times 10^{-3}$。

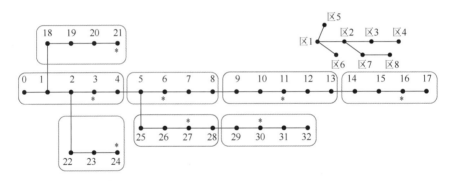

图 1-4　IEEE33 节点 8 分区示意图

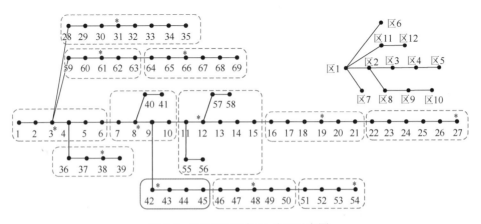

图 1-5　IEEE69 节点 12 分区示意图

1.5.1　无约束分布式无功优化仿真

针对 IEEE33 节点和 IEEE69 节点 ADS 进行分布式无功优化仿真，结果如图 1-6 所示。

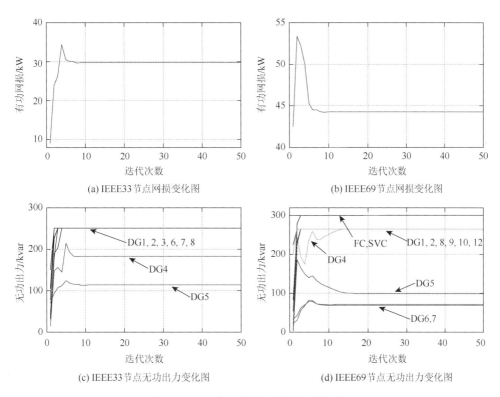

(a) IEEE33 节点网损变化图　　　　　　　(b) IEEE69 节点网损变化图

(c) IEEE33 节点无功出力变化图　　　　　(d) IEEE69 节点无功出力变化图

图 1-6　无约束分布式无功优化仿真结果

由图 1-6 可见，当不考虑系统功率电压约束时，IEEE33 节点与 IEEE69 节点的网损收敛曲线差别较小，分别在第 8 次、13 次迭代后实现网损收敛，优化后的网损分别为 29.77kW、44.28kW，前者与集中式优化结果的偏差为 0，后者与集中式优化结果的偏差也仅为 0.02%，说明所提无约束分布式无功优化方法在系统分区数较多时不仅能够快速实现分布式无功优化收敛，而且收敛结果具有较好的全局优化特性。

图 1-7 所示为有无所提超前补偿策略时 IEEE69 节点分布式无功优化仿真结果。由图可见，所提超前补偿策略能够较好地抑制通信时延引起的功率和网损周期性波动，提高分布式无功优化的收敛速度。

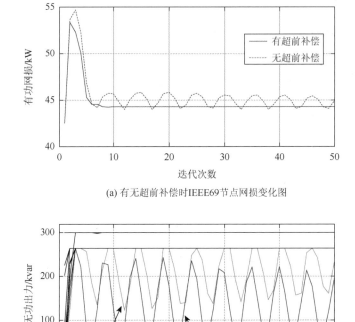

(a) 有无超前补偿时 IEEE69 节点网损变化图

(b) 无超前补偿时 IEEE69 节点无功出力图

图 1-7　有无超前补偿时 IEEE69 节点仿真结果

1.5.2　无约束分布式优化后电压越限仿真

　　针对无约束优化后存在节点电压越限的场景，为了仿真验证所提等网损微增率修正方法的控制效果，对于 IEEE33 节点系统，设分区 4 与分区 5 的 DG 最大无功出力增大到 500kvar；对于 IEEE69 节点系统，设分区 9、分区 10 的 DG 最大无功出力增大到 400kvar，而分区 5、分区 8 增大到 500kvar，线路节点电压所允许的最小值均为 0.97p.u.。

　　考虑到分区将电压越限信息传送到主站区控制器，再由主站区控制器做出判断传递到各个分区存在一定的通信时延，在仿真中设置中转通信时延 T_e 为 2，表示主站区接收或发送一次全局信息的时间是分区迭代一次所需时间的 2 倍，即由于通信时延，实际每进行 4 次分区迭代，才能进行一次分区平衡节点等网损微增率修正以保证电压约束。无约束分布式优化后无功优化仿真结果如图 1-8 所示。电压越限最大的节点电压变化图如图 1-9 所示。

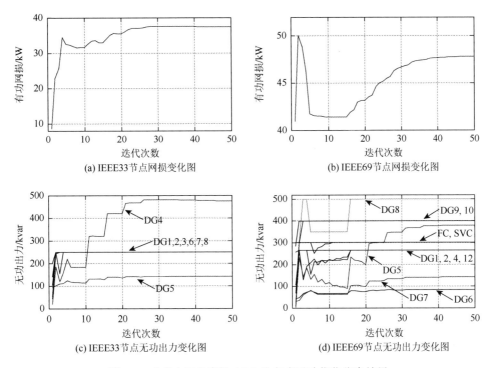

(a) IEEE33节点网损变化图　　　　　　(b) IEEE69节点网损变化图

(c) IEEE33节点无功出力变化图　　　　(d) IEEE69节点无功出力变化图

图 1-8　考虑电压约束的 ADS 分布式无功优化仿真结果

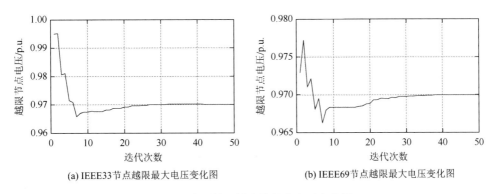

(a) IEEE33节点越限最大电压变化图　　(b) IEEE69节点越限最大电压变化图

图 1-9　电压越限最大的节点电压变化图

　　由图 1-8 和图 1-9 可知，对于 IEEE33 节点系统，不考虑电压约束时，网损在第 25 次迭代后收敛，但此时分区 8 存在节点电压越限。根据所提等网损微增率修正方法，各个分区中存在无功余量的 DG 或无功补偿装置继续增发无功，提高越限节点电压，经 30 次迭代后网损收敛，越限节点电压也恢复到允许范围内。此时所得全局网损优化值为 37.55kW，与集中式优化结果（37.31kW）的偏差仅为 0.64%。

　　而对于 IEEE69 节点系统，在 27 次迭代后网损收敛，分区 9 和分区 10 存在节点电压越限，系统判定越限最大的节点位于分区 9，此时主站通信将越限最大的节点信息传递至各分区控制器处，经 42 次迭代后网损收敛，所有越限节点的电压均恢复到允许的范围内。所得全局网损优化值为 47.73kW，与集中式优化结果（47.74kW）的偏差为 0.02%。

上述仿真结果表明，所提分布式无功优化方法可以计及全局电压约束，不仅能够保证全局电压处于规定的范围内，而且有很好的全局网损优化效果，并且在分区数较多时仍具有较快的收敛速度，具有很好的应用前景。

1.5.3　主站区输出功率及支路功率越限仿真

以 IEEE33 节点系统为例，假设主站区最小无功出力为 600kvar，线路 6 到线路 21 的无功出力限值为 100kvar，中转通信时延 T_e 为 2，根据所提针对线路功率越限的节点等网损微增率修正方法进行仿真，结果如图 1-10 所示。

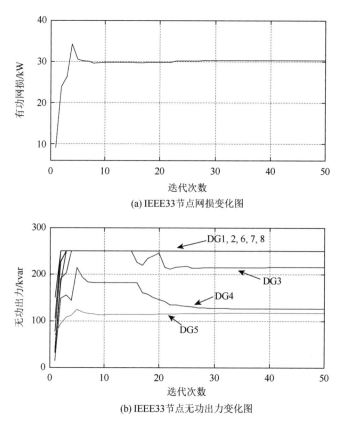

(a) IEEE33节点网损变化图

(b) IEEE33节点无功出力变化图

图 1-10　考虑支路功率约束的 ADS 分布式无功优化仿真结果

由图 1-11 可知，当无约束分布式无功优化收敛后，主站区及部分线路均存在功率越限，主站区判定线路 11 越限最大，通过不断修正线路 11 末端节点的等网损微增率，功率约束在系统迭代 28 次后得到满足，且全局网损收敛。此时，全局网损的优化值为 30.26kW，与集中式优化结果（30.29kW）的偏差仅为 0.10%，说明所提针对主站区及支路功率越限的等网损微增率修正方法具有很好的优化效果和收敛效果。

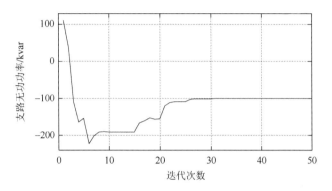

图 1-11　功率越限最大的支路无功功率变化图

1.5.4　通信中断仿真

1. 无信息孤立分区

以 IEEE33 节点系统为例，考虑区间通信的严重故障，假设分区 2 与三个邻居分区通信中断，仅能以主站区作为信息中转站与三个邻居分区通信。考虑不同的无功调整参数和中转通信延时 T_e，无信息孤立分区时的仿真结果如图 1-12 所示。

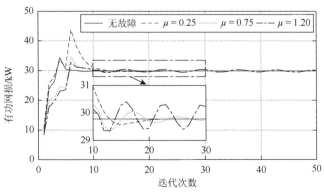

(a) 通信故障时不同无功调整参数的收敛性比较

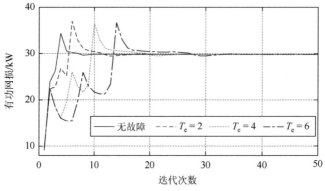

(b) 通信故障时不同中转通信时延的收敛性比较

图 1-12   分区与邻居分区通信故障仿真结果

由图 1-12（a）可见，随着无功调整系数的增大，网损的波动也逐渐增大，当 $\mu = 1.2$ 时，网损最终存在周期性波动，无法收敛到最优值，因此需合理设置无功调整系数以防止网损的周期性波动。在收敛效果方面，以 $\mu = 0.25$ 为例，网损在 22 次迭代后收敛到 29.77kW，与集中式优化结果偏差为 0，说明基于所提分布式无功优化方法，系统中转通信几乎不影响网损优化的全局性。

在图 1-12（b）中，随着中转通信时延的增加，网损收敛的次数也逐渐增加。但由于进行了超前补偿，即使存在中转通信时延，网损的收敛速度仍然很快，均能在 35 次以内实现收敛，并且中转通信时延的增加并没有影响收敛的效果，说明所提超前补偿方法具有较好的抑制中转通信时延的效果。

2. 存在信息孤立分区

以 IEEE33 节点系统为例，分别考虑各个分区中断了与邻居分区及主站区的通信，仅能进行区内无功优化，此时仿真结果如图 1-13 所示。

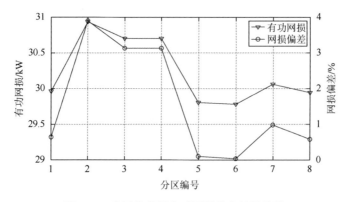

图 1-13   分区信息孤立时网损优化结果比较

由图 1-13 可见，即使某个分区中断了与其他分区的通信联系，所提的分布式优化方法仍能获得很好的优化结果。与无通信故障时集中式优化结果相比，本章所提方法得到的网损优化结果偏差最大不超过 4%，说明所提增强型 ADS 分布式优化框架和分布式无功优化方法可以较好地应对局部通信故障，保障 ADS 无功优化控制的可靠性和经济性。

1.5.5　与其他方法的比较

针对 IEEE69 节点系统，仿真结果如表 1-1 所示，其中计算时间为各分区无功优化的平均计算时间。

表 1-1　本章所提方法与基于辅助问题原理方法的比较

分区数	收敛次数		网损/kW		网损偏差/%		计算时间/s	
	本章	APP	本章	APP	本章	APP	本章	APP
2~4	4	23	44.28	44.48	0.02	0.43	0.03	15.27
5	4	27	44.27	44.55	0.04	0.59	0.02	15.91
7	8	47	44.32	44.55	0.07	0.59	0.03	25.67
12	13	—	44.28	—	0.02	—	0.04	—

注："—"表示 100 次迭代内没有收敛。

由表 1-1 可见，本章所提方法优化效果更优，且收敛速度和计算时间明显优于基于辅助问题原理（Auxiliary Problem Principle，APP）的方法。当按图 1-5 所示的 12 分区进行仿真时，基于 APP 的方法难以实现收敛，进一步说明了本章所提方法对多分区 ADS 的适用性。这是因为基于 APP 的方法以拉格朗日乘子为协调变量，各个分区仅能获得邻居信息，无法预测邻居分区以外其他分区的变化，而 ADS 各个分区间耦合较强，因此串联分区数较多时，收敛速度将显著降低。本章所提方法通过超前补偿量的设置提前考虑了因通信资源有限而滞后的区间协调变量的变化，因而能够快速收敛。在计算速度方面，基于 APP 的方法每个分区每次迭代均需进行非线性最优潮流计算，而本章所提方法仅是计算两次分区潮流和求解线性方程组，因而在计算时间上也具有较大的优势。

本章基于等网损微增率建立了 ADS 无约束分布式无功优化控制模型，并进一步提出了分区节点网损微增率修正方法，以满足系统功率电压约束，保证系统电压水平和安全运行。本章所提分布式无功优化方法模型简单，收敛速度快，优化效果好，且对于不同分区方式具有较好的适应性，尤其适用于网络规模大、分布式电源渗透率高、分区数较多的有源配电系统。同时，相邻分区间仅需交互边界节点信息及越限节点信息，数据交互量少，有利于区域信息隐私保护，符合电力市场的发展方向。

第2章 配电网基于差异化用电成本的源荷协调控制策略

大量分布式电源并入配电网，由于其输出功率的间歇性和随机性，以及负荷需求的不确定性，增加了电网安全运行的系统成本，因此主动配电网（Active Distribution Network，ADN）需要在效益和成本间权衡，寻找最优的平衡点，关键是采取先进的控制策略实现源荷间协调运行。

为了实现大规模分布式能源（Distributed Energy Resource，DER）并网后的配电网源荷协调运行，本章研究了 ADN 负荷侧需求灵活控制的负荷控制策略。以不同用电成本的差异化为基础，使配电网对签有差异化供电协议的用户负荷具备可调节或可中断的灵活调控能力，然后基于期望负荷率滚动校正的实时电价定价策略，实现利用电价对配电网负荷的动态调节。

大规模 DER 在配电网并网后的配电网有功平衡可用式（2-1）进行描述：

$$P_{\text{DN}}(t) = P_L(t) - P_{\text{DER}}(t) + P_{\text{loss}}(t) \tag{2-1}$$

式中，$P_{\text{DN}}(t)$ 为配电网的下网有功功率；$P_{\text{DER}}(t)$ 为配电网 DER 的有功输出；$P_L(t)$ 为配电网负荷；$P_{\text{loss}}(t)$ 为配电网的网损有功。当忽略 $P_{\text{loss}}(t)$ 分量后，由式（2-1）可知，如果能协调 $P_L(t)$ 和 $P_{\text{DER}}(t)$ 两个分量，就可以在充分消纳 DER 的前提下，通过对 $P_L(t)$ 分量进行削峰填谷控制，可以有效减小配电网的配变容量投资并提高其利用率。而汽车充电负荷、储能负荷，以及基于变频控制的柔性负荷等具有可调节或可中断特性的负荷在 ADN 负荷中所占比例的增加，也使利用负荷调节实现源荷协调运行成为可能。本章从此角度出发，进行了图 2-1 所示的基于差异化用电成本源荷协调控制策略研究。

该运营策略主要由基于负荷率滚动校正的电价定价策略、基于负荷率预防策略和校正控制策略构成。通过三种控制策略的相互协调控制在实现分布式电源的消纳的基础上，提高配变容量的利用率和实现负荷的移峰填谷的控制。

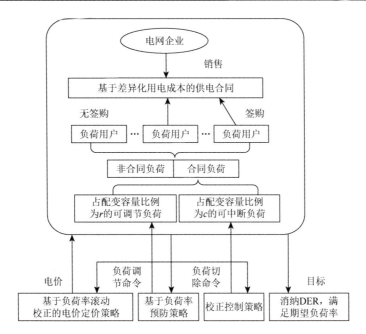

图 2-1   基于差异化用电成本的源荷协调控制策略

2.1   差异化用电成本的作用

随着高级测量体系 AMI 的技术发展，基于 AMI 的灵活互动智能用电技术必将成为未来配电网的发展关键。因此，作为配电网高级发展阶段的 ADN，高级计量架构（Advanced Metering Infrastructure，AMI）在帮助其实现电力流和信息流高度融合的同时，也为配电网对签由式（2-2）所示用电成本差异化供电协议的电力用户计量和控制提供了技术保证。

$$
\begin{cases}
\mathrm{cost}_i = \mathrm{cost}_{ib} - \alpha_{ir} \cdot \mathrm{cost}_{ir} - \alpha_{ic} \cdot \mathrm{cost}_{ic} \\
\mathrm{cost}_{ib} = \displaystyle\sum_{j=1}^{n_1} \int_{t_{bs}(j)}^{t_{be}(j)} m(t) p_i(t)\mathrm{d}t \\
\mathrm{cost}_{ir} = \displaystyle\sum_{k=1}^{n_2} \int_{t_{rs}(k)}^{t_{re}(k)} \gamma_{ir}(t)\beta_r m(t) P_{ir} c(T_r(k))\mathrm{d}t \\
\mathrm{cost}_{ic} = \displaystyle\sum_{l=1}^{n_3} \int_{t_{cs}(l)}^{t_{ce}(l)} \gamma_{ic}(t)\beta_c m(t) P_{ic}\mathrm{d}t
\end{cases}
\tag{2-2}
$$

式中，cost_i 表示负荷用户 i 的用电成本；cost_{ib} 表示负荷用户 i 响应实时电价的用电成本；cost_{ir} 表示负荷用户 i 响应负荷调节需求的优惠或惩罚用电成本；cost_{ic} 表示负荷用户 i 响应负荷切除需求的优惠或惩罚用电成本；$p_i(t)$ 为负荷用户 i 的实时用电功率；P_{ir} 表示负荷用户 i 协议承诺的响应负荷调节需求的最大功率调节范围；

P_{ic} 表示负荷用户 i 协议承诺的响应负荷中断需求的最大功率调节范围；β_r 为负荷用户 i 在负荷调节时段内所调节负荷的电价优惠惩罚比例；β_c 为负荷用户 i 在负荷中断时段内所中断负荷的电价优惠惩罚比例；$c(T_r(k))$ 为 $t\in[t_{rs}(k),\ t_{re}(k)]$ 所示第 k 个负荷调节时段 $T_r(k)$ 内可调节负荷总量的期望调节率；$t_{bs}(j)$ 和 $t_{be}(j)$ 分别为第 j 个电价调节时段的首尾时刻；$t_{rs}(k)$ 和 $t_{re}(k)$ 分别为第 k 个负荷调节时段的首尾时刻；$t_{cs}(l)$ 和 $t_{ce}(l)$ 分别为第 l 个负荷中断时段的首尾时刻；$m(t)$ 为实时电价；α_{ir} 为 1 表示负荷用户 i 签订有负荷可调节用电协议，为 0 则表示未签订负荷可调节用电协议；α_{ic} 为 1 表示负荷用户 i 签订有负荷可中断用电协议，为 0 则表示未签订负荷可中断用电协议；n_1 为用电成本计量时段内的实时电价调节次数；n_2 为用电成本计量时段内的负荷调节时段次数；n_3 为用电成本计量时段内的负荷中断时段次数；$\gamma_{ir}(t)$ 为负荷用户 i 在 $T_r(k)$ 时段内获得的用电成本优惠或惩罚比例；$\gamma_{ic}(t)$ 为负荷用户 i 在 $t\in[t_{cs}(l),\ t_{ce}(l)]$ 所示第 l 个负荷中断时段 $T_c(l)$ 内获得的用电成本优惠或惩罚比例。定义 $\gamma_r(t)$ 和 $\gamma_c(t)$ 可按下述方法计算得到。

若

$$\left| p_i(t_{rs}(k))(t_{re}(k)-t_{rs}(k))-\int_{t_{rs}(k)}^{t_{re}(k)} p_i(t)\mathrm{d}t \right| \leqslant P_{ir}\cdot c(T_r(k))\cdot(t_{re}(k)-t_{rs}(k))$$

则

$$\gamma_r(t)=\left(p_i(t_{rs}(k))(t_{re}(k)-t_{rs}(k))-\int_{t_{rs}(k)}^{t_{re}(k)} p_i(t)\mathrm{d}t \right) / (P_{ir}\cdot c(T_r(k))\cdot(t_{re}(k)-t_{rs}(k)))$$

若

$$\left| p_i(t_{rs}(k))(t_{re}(k)-t_{rs}(k))-\int_{t_{rs}(k)}^{t_{re}(k)} p_i(t)\mathrm{d}t \right| > P_{ir}\cdot c(T_r(k))\cdot(t_{re}(k)-t_{rs}(k))$$

则

$$\gamma_r(t)=\mathrm{sign}\left(p_i(t_{rs}(k))(t_{re}(k)-t_{rs}(k))-\int_{t_{rs}(k)}^{t_{re}(k)} p_i(t)\mathrm{d}t \right)$$

若

$$\left| p_i(t_{cs}(l))(t_{ce}(l)-t_{cs}(l))-\int_{t_{cs}(l)}^{t_{ce}(l)} p_i(t)\mathrm{d}t \right| \leqslant P_{ic}\cdot(t_{ce}(l)-t_{cs}(l))$$

则

$$\gamma_c(t)=\left(p_i(t_{cs}(l))(t_{ce}(l)-t_{cs}(l))-\int_{t_{cs}(l)}^{t_{ce}(l)} p_i(t)\mathrm{d}t \right) / (P_{ic}\cdot(t_{ce}(l)-t_{cs}(l)))$$

若

$$\left| p_i(t_{cs}(l))(t_{ce}(l)-t_{cs}(l))-\int_{t_{cs}(l)}^{t_{ce}(l)} p_i(t)\mathrm{d}t \right| > P_{ic}\cdot(t_{ce}(l)-t_{cs}(l))$$

则

$$\gamma_c(t)=\mathrm{sign}\left(p_i(t_{cs}(l))(t_{ce}(l)-t_{cs}(l))-\int_{t_{cs}(l)}^{t_{ce}(l)} p_i(t)\mathrm{d}t \right)$$

　　由式（2-2）可知，如果用户与配电网签订有基于差异化用电成本的供电协议，那么负荷用户就可以在整个用电成本计量时间段内，利用响应配电网的负荷调节和负荷中断需求降低自身的用电成本。同时，配电网也可以通过协议对负荷用户的不响应行为给予用电成本的惩罚。这样，通过与负荷用户签订具有差异化用电成本的供电协议，配电网将对签有协议的用户负荷具备可调节或可中断的灵活调控能力。因此，一方面能够利用用户负荷对电价的响应特性，通过实时电价 $m(t)$ 对用户负荷进行动态调节；另一方面针对利用实时电价动态调节负荷可能出现的负荷率不满足约束条件问题，可以利用通过差异化成本供电协议获得的可调节负荷量和可中断负荷量进行负荷率预防控制和校正控制。

2.2　基于期望负荷率滚动校正的电价定价策略

2.2.1　用户负荷的电价调节响应特性

　　由于用户负荷对电价变化具有敏感性，在配电网实际运行中可以采用实时电价、分时电价或阶梯电价等定价策略对用户负荷进行削峰填谷控制。当采用实时电价进行负荷调节时，从配电网层面来看，用户负荷对电价调节具有图 2-2 所示的响应特性，即在用户的电价变化敏感范围内，用户将会随着电价的升高相应减少其实时负荷用电量，直至负荷可减少的最大限度，而在电价降低时则会相应增加其实时负荷用电量，直至负荷可增加的最大限度；当实时电价在用户电价非敏感范围内变化时，用户负荷将不会对电价变化进行响应。图 2-2 中，M_{ref} 为实时电价的参考基准值；P_{ref} 为用户负荷对电价变化调节响应量的参考基准值；Δp_L 为用户负荷对电价变化的调节响应量；m_{max} 和 m_{min} 分别为用电成本计量期内实时电价的上限和下限；m_{up} 和 m_{low} 分别为用户对电价变化敏感范围的上限和下限，可根据用户负荷调节量对电价灵敏度的实际统计数据进行确定。

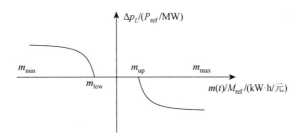

图 2-2　用户负荷的电价调节响应特性

　　如图 2-2 所示，若实时电价为 $m(t) \in [m_{up}, m_{max}]$，则用户负荷对电价变化的调节响

应量可表示成 $\Delta p_L = -(1-\mathrm{e}^{-f_1(m(t)-m_{\mathrm{up}})})$；若 $m(t)\in[m_{\min},\,m_{\mathrm{low}}]$，则负荷调节响应量可表示成 $\Delta p_L = 1-\mathrm{e}^{-f_2(m_{\mathrm{low}}-m(t))}$。可根据统计的用户负荷对各电价变化量 $m(t)-m_{\mathrm{up}}$ 的调节响应量 Δp，按照 $f_1(m(t)-m_{\mathrm{up}}) = -\ln(\Delta p_L + 1)$ 分别计算各 $f_1(m(t)-m_{\mathrm{up}})$，然后利用数值拟合方法进行确定。同理，根据统计的用户负荷对各电价变化量 $m_{\mathrm{low}}-m(t)$ 的调节响应量，按照 $f_2(m_{\mathrm{low}}-m(t)) = -\ln(\Delta p_L - 1)$ 分别计算各 $f_2(m_{\mathrm{low}}-m(t))$，然后利用数值拟合方法进行确定。

2.2.2 基于负荷率的电价定价策略

实时电价的作用是通过动态发布电价来调节用户负荷，降低负荷的波动水平，以有效降低配变容量并提高其利用率。配变容量是一个定值，负荷率是配电网负荷与配变容量的比值，因此当用实时电价动态调节负荷时，可以按照随着负荷率增加电价升高，随着负荷率下降电价降低的原则确定。遵循此原则，并结合希望利用实时电价维持负荷率在期望范围内运行的目标，本章确定式（2-3）所示的实时电价定价方法：

$$m(T_b(j)) = \frac{m_{\max} - m_{\min}}{\eta_{\max\_E} - \eta_{\min\_E}}\eta(T_b(j-1)) + \eta_{\max\_E}m_{\min} - \eta_{\min\_E}m_{\max} \qquad (2\text{-}3)$$

式中，$\eta_{\max\_E}$ 和 $\eta_{\min\_E}$ 分别为期望利用实时电价调节的负荷率上下限值；$\eta(T_b(j-1))$ 为 $t\in[t_{bs}(j-1),\,t_{be}(j-1)]$ 所述第 $j-1$ 个电价调节时段的平均负荷率，可由式（2-4）计算得到：

$$\eta(T_b(j-1)) = \left(\int_{t_{bs}(j-1)}^{t_{be}(j-1)} p_L(t)\mathrm{d}t\right) / (P_{pb}\cdot T_b(j-1)) \qquad (2\text{-}4)$$

式中，$p_L(t)$ 为各用户的实时用电负荷总量；P_{pb} 为配电网的额定有功配变容量。

2.2.3 基于期望负荷率滚动校正的负荷控制

在 $t\in[t_{bs}(j),\,t_{be}(j)]$ 所示各实时电价的 $T_b(j)$ 调节时段内，当忽略用户的实时负荷和分布式电源输出功率的变化时，本章建立了图 2-3 所示的基于期望负荷率滚动校正的负荷控制方法。该方法利用基于负荷率滚动校正的实时电价，动态调节用户负荷，使配电网负荷率保持在 $\eta_{\exp}\pm\varepsilon$ 期望范围内运行。

图 2-3 所示基于负荷率滚动校正的电价定价策略的计算方法如图 2-4 所示。如图 2-4 所示，在估计 $T_b(j)$ 时段的 $\eta(\hat{T}_b(j))$ 时，考虑利用 $m(\hat{T}_b(j))$ 估计的 $\Delta\hat{p}_L$ 是依据图 2-2 所示用户负荷对电价变化响应特性的估计结果，该结果仅仅体现用户对电价变化的反应，没有考虑用户对电力的需求程度。实际运行中，随着用户在不同时段对电力需求程度的不同，其对电价变化的调节响应程度也会不同，因此在图 2-4 所提出的 $\eta(\hat{T}_b(j))$ 估计中，将基于电价变化估计的负荷调节量乘以反映用户对电力需求程度的权重 $\mathrm{e}^{-p_L(T_b(j))/P_{pb}}$。

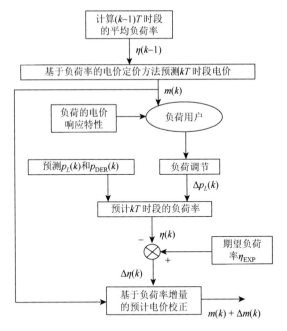

图 2-3　基于负荷率滚动校正的电价定价策略原理图

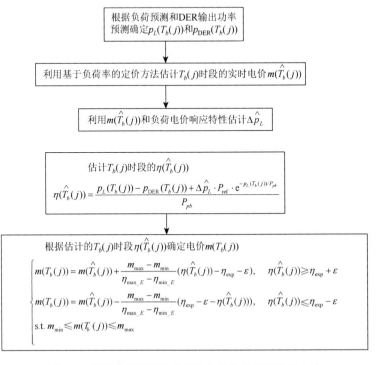

图 2-4　基于负荷率滚动校正的电价定价策略计算方法

2.3　负荷率的预防控制和校正控制

利用基于期望负荷率滚动校正的负荷调节方法进行配电网负荷控制时，上述控制方法中估计模型存在模型误差，因此在负荷调节过程中，将存在负荷率不满足约束条件现象，严重时甚至使负荷率超出配变容量允许的额定运行范围。针对这种现象，本章进一步提出了负荷率的预防控制和校正控制策略。

在进行实时电价调节配电网负荷的过程中，当配电网负荷率超出预防控制的负荷率设定阈值时，将按式（2-5）所示估算方法启动基于可调节负荷的负荷率预防控制：

$$\begin{cases} (\eta(T_r(k)) - \eta_r)P_{pb} = (\sum_{i=1}^{n_4} P_{ir}) \cdot \int_0^1 R_i f(R_i) \mathrm{d}R_i \\ f(R_i) = \dfrac{1}{\sqrt{2\pi}\,\sigma} \mathrm{e}^{-\frac{(R_i - c(T_r(k)))^2}{2\sigma^2}} \end{cases} \tag{2-5}$$

式中，η_r 为启动可调负荷调节的负荷率设定值；$\eta(T_r(k))$ 表示第 k 个负荷率预防控制时段内的负荷率；R_i 表示协议承担可调节负荷用户 i 在各负荷率预防控制时段内，响应负荷调节需求的实际调节负荷与协议可调节最大负荷量的比值；$f(R_i)$ 用于描述 R_i 的分布概率，本章用正态分布 $N(c(T_r(k)), \sigma^2))$ 近似描述；n_4 表示协议承担可调节负荷的用户数量。

在各负荷率预防控制时段内，首先按照式（2-5）所示基于概率估计的可调节负荷调节率估算方法，通过方程联立求解，计算各负荷协议可调用户的可调负荷的期望调节率 $c(T_r(k))$，并通过 ADN 的配电自动化系统向各协议负荷可调用户的 AMI 发送可调负荷调节率指令，使各协议用户调节其协议可调负荷部分，从而使负荷率恢复到负荷率预防控制设定值以下运行。上述基于可调节负荷的负荷率预防控制原理图如图 2-5 所示。

当采用负荷率预防控制无法使配电网负荷率保持在预防控制所对应负荷率设定值下运行，且超出比该设定值更大的校正控制所对应负荷率设定值时，根据各负荷协议可中断用户承诺的可中断负荷量，将按式（2-6）所示原则，进行负荷可中断控制用户选择，然后通过 ADN 的配电自动化系统向各协议负荷可中断用户的 AMI 发送负荷中断指令，中断对所选择可中断负荷的供电，使负荷率恢复至负荷率校正控制设定值以下运行。

$$(\eta(T_c(l)) - \eta_c)P_{pb} \leqslant \sum_{i=1}^{n_5} P_{ic} \tag{2-6}$$

式中，η_c 为启动可中断负荷调节的负荷率设定值；$\eta(T_c(l))$ 表示第 l 个负荷率校正控制时段内的负荷率；n_5 表示选择的需要进行负荷中断控制的用户数量。上述基于可中断负荷的负荷率预防控制原理图如图 2-6 所示。

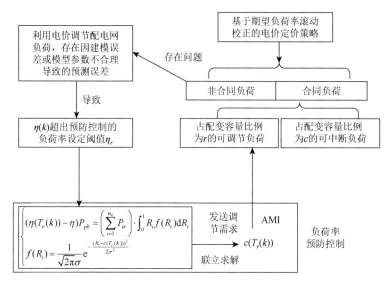

图 2-5 基于可调节负荷的负荷率预防控制原理图

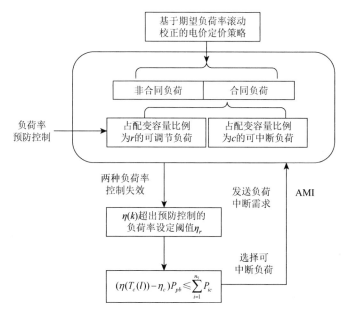

图 2-6 基于可中断负荷的负荷率预防控制原理图

2.4　仿　真　研　究

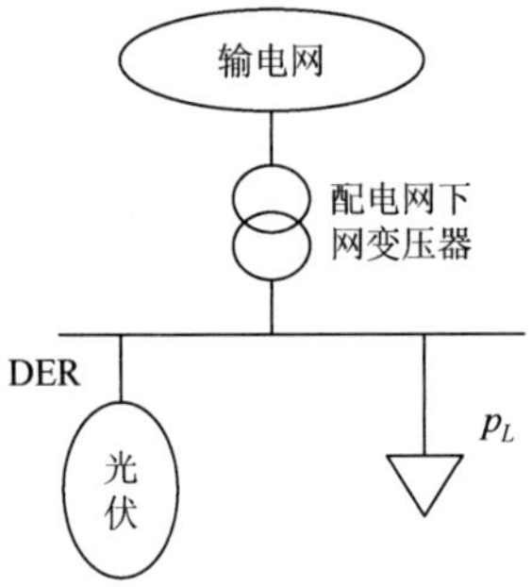

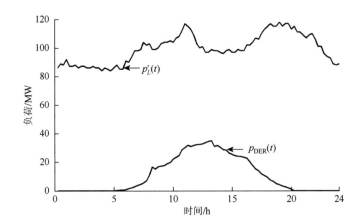

图 2-7　等值配电网模型

将某地区配电网按图 2-7 所示等值配电网模型进行等值。该地区配电网典型负荷日的负荷曲线 $p'_L(t)$ 和光伏发电有功输出曲线 $p_{\text{DER}}(t)$ 如图 2-8 所示。假设该地区配电网电力用户通过认购差异化用电成本供电协议，各用户协议承诺的响应负荷调节需求的最大可调节功率总和占 P_{pb} 的 20%，协议承诺的响应负荷中断需求的最大可中断功率总和占 P_{pb} 的 10%，且各用户协议承诺的可调节负荷部分与其可中断负荷部分相对独立。

图 2-8　典型负荷日的负荷和光伏发电有功输出曲线

　　采用本章提出的负荷控制方法对图 2-8 所示负荷曲线进行控制，在充分消纳光伏发电的情况下，使配电网的最大负荷不大于 P_{pb}，并通过调节使配电网的负荷尽量保持在 $0.9P_{pb}$ 的容量下运行。仿真研究中，将图 2-8 中的各负荷值和光伏发电有功输出值分别作为图 2-4 中的 $p_L(T_b(j))$ 和 $p_{\text{DER}}(T_b(j))$。同时，设 $m_{\text{up}} = 1.1$，$m_{\text{low}} = 0.9$，$m_{\text{max}} = 1.5$，$m_{\text{min}} = 0.5$，$M_{\text{ref}} = 1.0$ 元/(kW·h)，$\eta_{\text{min}\_E} = 0.4$，$\eta_{\text{max}\_E} = \eta_{\text{exp}} = \eta_r = 0.9$，$\eta_c = 1$，$\varepsilon = 0$，$P_{pb} = P_{\text{ref}} = 100\text{MW}$。为简化仿真研究，并参考相关文献，取 $f_1(m(t)-m_{\text{up}}) = 0.5(m(t)-1.1)$，$f_2(m_{\text{low}}-m(t)) = 0.4(0.9-m(t))$。仿真结果如图 2-9 和图 2-10 所示。

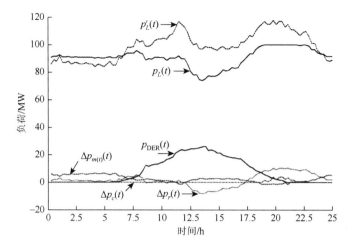

图 2-9　差异化用电成本负荷控制方法作用下的配电网负荷

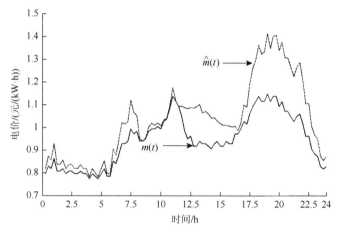

图 2-10　基于负荷率滚动校正的实时电价

图 2-9 给出了上述仿真初始条件下，采用本章所提出的负荷控制方法对图 2-8 所示配电网负荷进行调节的 $p_L(t)$，图 2-9 同时给出了负荷调节过程中，实时电价作用下的负荷调节分量 $\Delta p_{m(t)}(t)$，当负荷率 $\eta > \eta_r = 0.9$ 时，基于负荷率预防控制的可调负荷调节分量 $\Delta p_r(t)$，当 $\eta > \eta_c = 1.0$ 时，基于负荷率校正控制的可中断负荷调节分量 $\Delta p_c(t)$。图 2-10 给出了上述负荷调控过程中的实时电价运行范围，并且对比给出了基于负荷率滚动校正前后的预估实时电价 $\hat{m}(t)$ 和滚动校正后的实时电价 $m(t)$，对比结果也表明了所提出的定价策略的有效性。

图 2-9 和图 2-10 的仿真结果表明，采用所提出的基于用电成本差异化的负荷控制方法，在实时电价和负荷率预防控制协调作用下，配电网负荷率都能在期望

负荷率 η_{exp} 附近运行，在负荷率校正控制下，配电网的最高负荷率可有效保证不超过 η_c 的设定值，并且调节过程中，电价能够保持在预置的电价范围内运行。此外，仿真结果不仅表明所研究负荷控制方法的可行性，而且表明利用所发明的运营方法，可以有效消纳分布式电源出力、提高配变容量利用率、节省配变容量投资、实现对负荷的"削峰填谷"控制作用。该方法属于 ADN 层面的电力供需平衡控制和配电稳定裕度的宏观控制，可为 ADN 的宏观规划决策提供依据。

本章以大规模 DER 并网后的配电网源荷协调运行为目标，进行了 ADN 负荷侧需求灵活控制的负荷控制策略研究。通过采用具有不同用电成本的差异化供电协议，使配电网对签有差异化供电协议的用户负荷具备可调节或可中断的灵活调控能力。在此基础上，基于期望负荷率滚动校正的实时电价定价策略，实现利用电价对配电网负荷的动态调节，同时针对实时电价调节过程中可能导致的负荷率不满足约束条件问题，提出了负荷率基于可调节负荷的预防控制和基于可中断负荷的校正控制策略。仿真研究验证了所提负荷控制策略的有效性。

第3章　基于有功无功协调的有源配电系统
鲁棒优化策略

由于配电网中 R/X 比值较大，有功和无功功率之间存在着强耦合性，同时主动配电网系统中可调资源有功无功出力之间也存在耦合性，传统方法中通过将有功功率和无功功率解耦分别进行优化的思想已不再适用于主动配电网。另外，配电网中接入的 DG 增加，可能会导致系统中出现双向潮流和电流、电压越限等问题，从而限制了 DG 的接入容量和利用效率。鉴于配电网中存在有功和无功功率之间不解耦的关系，仅仅通过对系统中无功功率的调节往往不能够有效改善电压越限情况，并且还要考虑到可能存在的功率拥塞问题。实际上，在对主动配电网开展运行优化及调度决策研究时，需要考虑能够处理随时间不断变化的负荷和分布式电源功率，通过合理地优化分组投切电容器和储能装置调度策略，兼顾装置的利用效率和使用寿命，增强配电网系统对分布式资源就地消纳的能力，控制电压水平，降低系统损耗，提高主动配电网的经济效益和运行稳定性。

因此，本章首先具体分析了有功无功功率对于配电网系统电压和网损的影响，说明了研究有功无功协调优化问题的必要性。然后提出了基于有功无功协调的有源配电系统鲁棒优化策略，所求得的策略能有效降低功率波动时系统出现安全性问题的概率。

3.1　有源配电系统有功无功协调优化机理研究

要研究主动配电网有功无功协调优化运行策略，首要任务就是要弄清楚系统有功和无功功率分别会对配电网系统产生怎样的影响。本节基于配电网线路模型，采用潮流分析方法具体分析了当节点有功和无功功率发生变化时，对系统的节点电压和网损造成的影响，为后续研究打下理论基础。

3.1.1　有功无功功率对节点电压的影响分析

配电线路作为配电网系统中重要的组成部分，主要作用是电能的传输。和电网中的输电线路相比，配电线路电压等级较低，传输距离较短，线路电阻和支路参数较大，负荷节点较多且分布分散。这些特点决定了配电网与输电网不同的传输特性，因此需要采用不同的方法具体分析其运行特点。图 3-1 展示了一个配电网的线路模型。

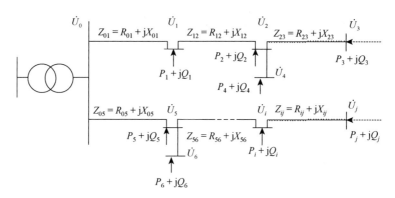

图 3-1　配电网线路模型

图中，$\dot{U}_i$ 表示 i 节点的电压向量，P_i 和 Q_i 分别表示 i 处的有功和无功功率注入；$Z_{ij} = R_{ij} + jX_{ij}$ 表示线路阻抗。

对于图 3-1 所示配电网线路模型，假设该配电网共有 n 个节点，那么节点电压与电流之间的关系可以通过以下节点方程式来描述：

$$\dot{U}_i = \sum_{j=1}^{n} Z_{ij} \frac{P_j - jQ_j}{U_j} \tag{3-1}$$

假设线路导纳为 $Y_{ij} = G_{ij} + jB_{ij}$，则式（3-1）也可以表述为导纳矩阵的形式：

$$\frac{P_i - jQ_i}{U_i} = \sum_{j=1}^{n} Y_{ij} \dot{U}_j \tag{3-2}$$

节点电压向量可以表示为直角坐标的形式，也可以表示为极坐标的形式。其极坐标表达形式为

$$\dot{U}_i = U_i e^{j\theta_i} = U_i(\cos\theta_i + j\sin\theta_i) \tag{3-3}$$

将式（3-3）代入式（3-2）中，可以得到

$$\sum_{j=1}^{n} U_i e^{j\theta_i}(G_{ij} - jB_{ij}U_j e^{-j\theta_j}) = P_i + jQ_i \tag{3-4}$$

将式（3-4）的实部和虚部分别展开列写如下：

$$U_i \sum_{j=1}^{n} U_j(G_{ij}\cos\theta_{ij} + B_{ij}\sin\theta_{ij}) = P_i \tag{3-5}$$

$$U_i \sum_{j=1}^{n} U_j(G_{ij}\sin\theta_{ij} + B_{ij}\cos\theta_{ij}) = Q_i \tag{3-6}$$

基于此可建立极坐标下的牛顿-拉弗森潮流修正方程式,结果如下:

$$\begin{bmatrix} \Delta P \\ \Delta Q \end{bmatrix} = -J \begin{bmatrix} \Delta \theta \\ \Delta U / U \end{bmatrix} = -\begin{bmatrix} H & N \\ M & L \end{bmatrix} \begin{bmatrix} \Delta \theta \\ \Delta U / U \end{bmatrix} \tag{3-7}$$

式中,ΔP 和 ΔQ 分别表示有功注入功率和无功注入功率的修正向量;$\Delta \theta$ 和 ΔU 分别表示节点电压相角和幅值的修正向量;U 为节点电压幅值向量。

H、N、M、L 构成了雅可比矩阵 J,其中的各个元素可表示为

$$H_{ij} = \frac{\partial \Delta P_i}{\partial \theta_j} = \begin{cases} U_i^2 B_{ii} + Q_i, & j = i \\ -U_i U_j (G_{ij} \sin \theta_{ij} - B_{ij} \cos \theta_{ij}), & j \neq i \end{cases} \tag{3-8}$$

$$N_{ij} = \frac{\partial \Delta P_i}{\partial U_j} U_j = \begin{cases} -U_i^2 G_{ii} - P_i, & j = i \\ -U_i U_j (G_{ij} \sin \theta_{ij} + B_{ij} \cos \theta_{ij}), & j \neq i \end{cases} \tag{3-9}$$

$$M_{ij} = \frac{\partial \Delta Q_i}{\partial \theta_j} = \begin{cases} U_i^2 G_{ii} - P_i, & j = i \\ U_i U_j (G_{ij} \cos \theta_{ij} + B_{ij} \sin \theta_{ij}), & j \neq i \end{cases} \tag{3-10}$$

$$L_{ij} = \frac{\partial \Delta Q_i}{\partial \theta_j} U_j = \begin{cases} U_i^2 B_{ii} - Q_i, & j = i \\ -U_i U_j (G_{ij} \sin \theta_{ij} - B_{ij} \cos \theta_{ij}), & j \neq i \end{cases} \tag{3-11}$$

当配电网系统运行在稳态时,各节点电压幅值的标幺值可近似认为是 1.0p.u.,而且考虑到相角差 θ_{ij} 较小,因此可以对式(3-8)~式(3-11)适当化简为

$$H_{ij} = \frac{\partial \Delta P_i}{\partial \theta_j} = \begin{cases} B_{ii} + Q_i, & j = i \\ B_{ij}, & j \neq i \end{cases} \tag{3-12}$$

$$N_{ij} = \frac{\partial \Delta P_i}{\partial U_j} U_j = \begin{cases} -G_{ii} - P_i, & j = i \\ -G_{ij}, & j \neq i \end{cases} \tag{3-13}$$

$$M_{ij} = \frac{\partial \Delta Q_i}{\partial \theta_j} = \begin{cases} G_{ii} - P_i, & j = i \\ G_{ij}, & j \neq i \end{cases} \tag{3-14}$$

$$L_{ij} = \frac{\partial \Delta Q_i}{\partial U_j} U_j = \begin{cases} B_{ii} - Q_i, & j = i \\ B_{ij}, & j \neq i \end{cases} \tag{3-15}$$

则式(3-7)可简化为

$$\begin{bmatrix} \Delta P \\ \Delta Q \end{bmatrix} = -J = -\begin{bmatrix} B + \mathrm{diag}(Q) & -G - \mathrm{diag}(P) \\ G - \mathrm{diag}(P) & B - \mathrm{diag}(Q) \end{bmatrix} \begin{bmatrix} \Delta \theta \\ \Delta U \end{bmatrix} \tag{3-16}$$

式中,B 和 G 分别表示节点导纳矩阵的实部和虚部;$\mathrm{diag}(P)$ 和 $\mathrm{diag}(Q)$ 分别表示节点有功注入向量和无功注入向量所构成的对角矩阵。

根据式(3-16),可以得到节点电压相对节点注入功率的灵敏度,表示如下:

$$\Delta U = ((B - \mathrm{diag}(Q))(G - \mathrm{diag}(P))^{-1}(B + \mathrm{diag}(Q)) + (G + \mathrm{diag}(P))^{-1})\Delta P \tag{3-17}$$
$$- ((B - \mathrm{diag}(Q)) + (G - \mathrm{diag}(P))(B + \mathrm{diag}(Q))^{-1}(G + \mathrm{diag}(P)))\Delta Q$$

由式（3-17）可以看出，配电网中节点电压幅值的变化量不仅与无功功率的变化量有关，同时也与有功功率的变化量相关。尤其是在配电网线路中的电阻和电抗数值相差较小的情况下，系统有功和无功功率之间的耦合关系更强，而有功功率对系统节点电压的影响作用也更强。

3.1.2 有功无功功率对系统网损的影响分析

配电网系统中总的有功损耗 P_{loss} 可表示为

$$P_{\text{loss}} = \sum_{i=1}^{n} \sum_{j=1}^{n} U_i U_j (G_{ij} \cos \theta_{ij} + B_{ij} \sin \theta_{ij}) \quad （3-18）$$

结合式（3-18）和式（3-7），可以得到系统有功损耗相对于节点注入功率的灵敏度：

$$\begin{bmatrix} \dfrac{\mathrm{d}P_{\text{loss}}}{\mathrm{d}P} \\ \dfrac{\mathrm{d}P_{\text{loss}}}{\mathrm{d}Q} \end{bmatrix} = - \begin{bmatrix} \dfrac{\partial \theta}{\partial P} & \dfrac{\partial U}{U \partial P} \\ \dfrac{\partial \theta}{\partial Q} & \dfrac{\partial U}{U \partial Q} \end{bmatrix} \begin{bmatrix} \dfrac{\partial P_{\text{loss}}}{\mathrm{d}\theta} \\ \dfrac{\partial P_{\text{loss}}}{\mathrm{d}U} U \end{bmatrix} = - \begin{bmatrix} \dfrac{\partial P_{\text{loss}}}{\mathrm{d}\theta} \\ \dfrac{\partial P_{\text{loss}}}{\mathrm{d}U} U \end{bmatrix} \quad （3-19）$$

式中，$\dfrac{\partial P_{\text{loss}}}{\mathrm{d}U} U$ 和 $\dfrac{\partial P_{\text{loss}}}{\mathrm{d}\theta}$ 分别表示系统有功损耗关于节点电压幅值和相角的偏导，由式（3-18）分别求偏导可以得到

$$\frac{\partial P_{\text{loss}}}{\partial \theta_i} = -2U_i \sum_{j=1}^{n} U_j G_{ij} \sin \theta_{ij} \quad （3-20）$$

$$\frac{\partial P_{\text{loss}}}{\partial U_i} U_i = 2U_i \sum_{j=1}^{n} U_j G_{ij} \cos \theta_{ij} \quad （3-21）$$

分析式（3-18）可以发现，配电网系统中的有功网损与系统的有功无功注入功率和雅可比矩阵相关。

上述分析说明，在配电网系统中，不仅无功功率能够影响系统的电压分布和网络损耗，有功功率也会对系统的电压和网损造成不可忽略的影响，所以在主动配电网优化运行问题中仅仅考虑无功优化是不够的，也需要将有功功率的优化纳入考虑。

3.1.3 有功无功协调优化可调控资源分析

配电网系统中的可调控资源主要有三类：①只发出无功功率的调控装置，如分组投切电容器组、有载调压变压器等；②只发出有功功率的调控装置，如柔性负荷等；③可同时参与有功调控和无功调控的装置，如分布式电源、储能装置等，

这类装置既能提供有功功率交换，又能够发出一定容量的无功功率对系统无功进行补偿。对于配电网来说，线路电阻 R 和线路电抗 X 之间的差值较小，有功和无功功率之间的耦合性较强，且对于可同时提供有功无功功率的调控资源来说，其有功出力和无功出力会相互影响，并非独立，若将其解耦分别考虑进主动配电网的无功和有功调控策略中，则可能导致决策后的某些运行点处的功率超出功率极限，不符合实际运行要求，因此将有功和无功进行解耦处理的传统决策方法已不适用，需要研究基于有功无功不解耦的主动配电网有功无功协调优化决策方法，研究如何在考虑有功无功耦合的情况下解决配电网系统中可能存在的功率拥塞、双向潮流和过电压等问题。

3.2　有源配电系统最优潮流的求解方法

3.2.1　二阶锥规划原理

通过将复杂的非凸非线性优化模型转化成锥模型，可以将变量间复杂的关系以特殊结构的锥集表示，较大程度上简化原模型的求解复杂度，以加快其收敛速度。SOCP 的标准形式为

$$\begin{cases} \min f(x) \\ \text{s.t. } Ax = b, \quad x \in C \end{cases} \tag{3-22}$$

式中，$f(x)$ 为目标函数；$Ax = b$ 为线性约束条件；C 为二阶锥约束条件。其中，二阶锥和旋转二阶锥分别如式（3-23）和式（3-24）所示。

二阶锥：

$$C = \left\{ x_i \in \mathbf{R}^n \middle| y \geqslant \sum_{i=1}^{n} x_i^2, y \geqslant 0 \right\} \tag{3-23}$$

旋转二阶锥：

$$C = \left\{ x_i \in \mathbf{R}^n \middle| y \geqslant \sum_{i=1}^{n} x_i^2, y \geqslant 0 \right\} \tag{3-24}$$

3.2.2　潮流方程及其二阶锥松弛

对于辐射状配电网中的某一支路 ij，根据支路基尔霍夫定律和节点功率平衡方程，采用支路潮流模型表达电压、电流与功率的关系：

$$\begin{cases} P_{ij} - r_{ij}I_{ij}^2 - \sum_{k:(j,k)} P_{jk} - P_j = 0 \\ Q_{ij} - x_{ij}I_{ij}^2 - \sum_{k:(j,k)} Q_{jk} - Q_j = 0 \end{cases} \tag{3-25}$$

$$V_i^2 - V_j^2 - 2(r_{ij}P_{ij} + x_{ij}Q_{ij}) + (r_{ij}^2 + x_{ij}^2)I_{ij}^2 = 0 \tag{3-26}$$

$$I_{ij}^2 = \frac{P_{ij}^2 + Q_{ij}^2}{V_i^2} \tag{3-27}$$

式中，P_{ij} 和 Q_{ij} 分别为节点 i 流向节点 j 的有功功率和无功功率；P_j 和 Q_j 分别为节点 j 处的有功注入功率和无功注入功率；I_{ij} 为支路 ij 上流过电流幅值；V_i 为节点 i 的电压幅值；r_{ij} 和 x_{ij} 分别为支路 ij 的电阻和电抗；$k:(j,k)$ 表示以节点 j 为首节点的末端节点集合。

可以看到上述模型是一个非凸非线性的模型，直接对其求解存在一定的难度，且不能保证解的全局最优性。而凸优化在求解优化模型的过程中能够避免陷入局部最优等问题，且具有较高的精度和计算效率，是对上述模型进行求解的一个有效手段。

在本章中，为了保证模型求解的最优性和高效性，采用凸优化中二阶锥优化的方法进行求解，但二阶锥优化求解的必要条件是所求问题的目标函数和约束条件必须严格满足凸的性质，而式（3-27）为一个非线性非凸的等式约束，因此，首先需要对上述模型进行凸松弛，将其转化为二阶锥模型。

引入新变量 v_i 和 i_{ij}，其定义分别表示如下：

$$v_i = V_i^2 \tag{3-28}$$

$$i_{ij} = I_{ij}^2 \tag{3-29}$$

将式（3-28）和式（3-29）代入模型中，并对式（3-27）进行凸松弛处理，可将模型转化为

$$\begin{cases} P_{ij} - r_{ij}i_{ij} - \sum_{k:(j,k)} P_{jk} - P_j = 0 \\ Q_{ij} - x_{ij}i_{ij} - \sum_{k:(j,k)} Q_{jk} - Q_j = 0 \end{cases} \tag{3-30}$$

$$v_i - v_j - 2(r_{ij}P_{ij} + x_{ij}Q_{ij}) + (r_{ij}^2 + x_{ij}^2)i_{ij} = 0 \tag{3-31}$$

$$i_{ij} \geqslant \frac{P_{ij}^2 + Q_{ij}^2}{v_i} \tag{3-32}$$

对式（3-32）做进一步等价变形，可转化为标准二阶锥形式：

$$\left\|\begin{matrix} 2P_{ij} \\ 2Q_{ij} \\ i_{ij}-v_i \end{matrix}\right\|^2 \leqslant i_{ij}+v_i \tag{3-33}$$

经过上述处理后，原模型在不考虑分布式电源、储能等变量时已然是一个标准二阶锥模型，可以利用成熟商业软件来保证解的计算效率和最优性。

3.2.3　有源配电系统有功无功协调优化模型

本节在 3.1 节理论分析的基础上，针对含风电、光伏、储能、电力有载调压器以及电容器等有功无功可调资源的有源配电系统，建立其日前多时段有功无功协调优化模型，并着重分析系统中有功功率和无功功率在调节电压、保证系统安稳运行方面的作用。

1. 目标函数

对于主动配电网有功无功动态协调优化模型，考虑系统运行经济性，以全天系统能量损耗最小为优化目标，建立起以下目标函数：

$$\text{obj}\,f = \min \sum_{t=1}^{T}\sum_{i=1}^{n}\sum_{j\in v(j)} i_{ij,t} r_{ij} \Delta T \tag{3-34}$$

式中，T 代表调度周期内的时刻数，一天即为 24 个时刻；ΔT 代表调度周期时长，即为一小时；f 表示一个调度周期内配电网系统的能量损耗。

2. 约束条件

（1）功率平衡约束：

$$\begin{cases} \sum_{i\in u(j)}(P_{ij,t}-r_{ij}i_{ij,t}) - \sum_{k\in v(j)}P_{jk,t} = P_{j,t} \\ \sum_{i\in u(j)}(Q_{ij,t}-x_{ij}i_{ij,t}) - \sum_{k\in v(j)}Q_{ij,t} = Q_{j,t} \end{cases} \tag{3-35}$$

$$v_{i,t}-v_{j,t}-2(r_{ij}P_{ij,t}+x_{ij}Q_{ij,t})+(r_{ij}^2+x_{ij}^2)i_{ij,t}=0 \tag{3-36}$$

$$\left\|\begin{matrix} 2P_{ij,t} \\ 2Q_{ij,t} \\ i_{ij,t}-v_{i,t} \end{matrix}\right\| \leqslant i_{ij,t}+v_{i,t} \tag{3-37}$$

有功注入和无功注入：

$$P_{j,t} = P_{j,t}^{\text{DG}} + P_{j,t}^{\text{ESSdis}} - P_{j,t}^{\text{ESSch}} - P_{j,t}^{d} \tag{3-38}$$

$$Q_{j,t} = Q_{j,t}^{\text{DG}} + Q_{j,t}^{\text{Sc}} + Q_{j,t}^{\text{svc}} - Q_{j,t}^{d} \tag{3-39}$$

式中，$P_{j,t}^d$ 和 $Q_{j,t}^d$ 表示 t 时刻在 j 节点处的有功和无功负荷；P^{DG} 和 Q^{DG} 表示 t 时刻在 j 节点处 DG 的有功和无功功率；P^{ESSch} 和 P^{ESSdis} 表示 t 时刻在 j 节点处储能的充电功率和放电功率；$Q_{j,t}^{Sc}$ 表示 t 时刻在 j 节点处电容器组的无功功率；Q^{svc} 表示 t 时刻在 j 节点处静止无功补偿器的无功功率。

（2）系统运行安全约束：

$$v_j^{\min} \leqslant v_{j,t} \leqslant v_j^{\max} \tag{3-40}$$

$$i_{ij,t} \leqslant i_{ij}^{\max} \tag{3-41}$$

式中，$v_j^{\max}$ 和 $v_j^{\min}$ 表示 t 时刻在 j 节点电压幅值最大值的平方和最小值的平方；$i_{ij}^{\max}$ 表示 t 时刻从节点 i 流向节点 j 的电流幅值最大值的平方。

（3）DG 有功无功出力动态约束：

$$\begin{cases} (P_{j,t}^{DG})^2 + (Q_{j,t}^{DG})^2 \leqslant (S_j^{\max})^2 \\ 0 \leqslant P_{j,t}^{DG} \leqslant P_j^{DG,\,pre} \end{cases} \tag{3-42}$$

式中，$S_j^{\max}$ 表示 j 节点处所接入的 DG 额定容量，$P_j^{DG,\,pre}$ 表示 j 节点处所接入的 DG 有功功率预测曲线。

（4）储能系统 ESS 动态运行约束。由于储能系统在同一时刻不能够同时充电和放电，为此引入 0-1 变量 $D_{j,t}^{ESSch}$ 和 $D_{j,t}^{ESSdis}$ 来描述某一时刻储能装置当前的运行状态，$D_{j,t}^{ESSch} = 1$ 时表示储能装置在充电状态，$D_{j,t}^{ESSdis} = 1$ 时表示储能装置运行在放电状态，$D_{j,t}^{ESSch} + D_{j,t}^{ESSdis} \leqslant 1$ 表明储能装置在某一时刻只能处在充电、放电或不充电也不放电的三种状态之一。则其充放电功率约束为

$$0 \leqslant P_{j,t}^{DG} \leqslant P_j^{DG,\,pre} \tag{3-43}$$

$$0 \leqslant P_{j,t}^{ESSch} \leqslant P_j^{ESSch,\max} D_{j,t}^{ESSch} \tag{3-44}$$

$$D_{j,t}^{ESSch} + D_{j,t}^{ESSdis} \leqslant 1 \tag{3-45}$$

考虑到提高储能系统存储能量功能的利用高效性，保证工作效率，延长使用寿命，需增加一定的电量约束条件。储能系统存储电量和充放电功率的关系如下：

$$E_{j,t}^{ESS} + P_{j,t}^{ESSch}\eta_{ch}\Delta T - \frac{P_{j,t}^{ESSdis}}{\eta_{dis}}\Delta T = E_{j,t+1}^{ESS}, \quad t=1,2,\cdots,T-1 \tag{3-46}$$

$$E_{j,t}^{ESS} + P_{j,t}^{ESSch}\eta_{ch}\Delta T - \frac{P_{j,t}^{ESSdis}}{\eta_{dis}}\Delta T = E_{j,1}^{ESS}, \quad t=T \tag{3-47}$$

$$20\% \times E_j^{ESS,\min} \leqslant E_{j,t}^{ESS} \leqslant 90\% \times E_j^{ESS,\max} \tag{3-48}$$

式中，$P_{j,t}^{ESSch}$ 和 $P_{j,t}^{ESSdis}$ 分别表示在 t 时刻节点 j 处储能系统的充电和放电状态；$P_j^{ESSch,\max}$ 和 $P_j^{ESSdis,\max}$ 分别表示节点 j 处储能系统充放电功率的上限值；η_{ch} 和 η_{dis} 分

别表示储能系统的充电效率和放电效率；$E_j^{\text{ESS,max}}$ 和 $E_j^{\text{ESS,min}}$ 分别表示储能系统电量的上下限；$E_{j,t}^{\text{ESS}}$ 表示在 t 时刻节点 j 处储能系统的电量；T 表示调度周期；ΔT 表示调度时间间隔，为保证在新的调度周期内具有相同的调节性能，储能系统的本周期初始 $E_{j,1}^{\text{ESS}}$ 和下一周期的初始 $E_{j,t+1}^{\text{ESS}}$ 相等。

（5）电容器组运行约束：

$$Q_{j,t}^{\text{SC}} = N_{j,t}^{\text{SC}} Q_j^{\text{SC,step}} \tag{3-49}$$

$$0 \leqslant N_{j,t}^{\text{SC}} \leqslant N^{\text{SC,max}} \tag{3-50}$$

$$N_{j,t}^{\text{SC}} \in \mathbf{Z} \tag{3-51}$$

$$\sigma_{j,t}^{\text{SC}} \in \{0,1\} \tag{3-52}$$

$$\sum_{t=1}^{T-1} \left| \sigma_{j,t+1}^{\text{SC}} - \sigma_{j,t}^{\text{SC}} \right| \leqslant \sigma^{\text{SC,lim}} \tag{3-53}$$

$$\sigma_{j,t}^{\text{SC}} \times 1 \times Q_j^{\text{SC, step}} \leqslant \left| Q_{j,t+1}^{\text{SC}} - Q_{j,t}^{\text{SC}} \right| \leqslant \sigma_{j,t}^{\text{SC}} N^{\text{SC,max}} Q_j^{\text{SC, step}} \tag{3-54}$$

式中，$Q_{j,t}^{\text{SC}}$ 表示 t 时刻在节点 j 处所连接的电容器组实际投运的无功补偿功率；$Q_j^{\text{SC,step}}$ 表示每一组电容器的调节步长；$N_{j,t}^{\text{SC}}$ 表示 t 时刻在节点 j 处实际投运的电容器组数；$N^{\text{SC,max}}$ 为整数离散变量，表示每个电容器组的最大投运组数；$\mathbf{Z}$ 为整数集合。

为了避免设备频繁动作带来的设备损耗成本，对于一个调控周期内补偿电容器的投切次数也有一定的限制，$\sigma^{\text{SC,lim}}$ 为此设定为补偿电容器在调控周期内的动作次数限制。$\sigma_{j,t}^{\text{SC}}$ 为 0-1 变量，当 $\sigma_{j,t}^{\text{SC}} = 0$ 时，由式（3-54）可知 $\left| Q_{j,t+1}^{\text{SC}} - Q_{j,t}^{\text{SC}} \right| = 0$，此时电容器组不动作；若 $\sigma_{j,t}^{\text{SC}} = 1$，表示电容器组动作。

（6）SVC 运行约束：

$$Q_j^{\text{SVC,min}} \leqslant Q_j^{\text{SVC}} \leqslant Q_j^{\text{SVC,max}} \tag{3-55}$$

式中，$Q_j^{\text{SVC,max}}$、$Q_j^{\text{SVC,min}}$ 分别表示 j 节点处静止无功补偿器的无功出力上下限。

（7）OLTC 运行约束。对包含 OLTC 的配电网支路 ij，设其在 t 时刻节点 i 处的电压与节点 j 处的电压变比为 $k_{ij,t}$，则可建模为

$$k_{ij,t} = k_{ijo} + K_{ij,t} \Delta k_{ij} \tag{3-56}$$

$$K_{ij}^{\min} \leqslant K_{ij,t} \leqslant K_{ij}^{\max}, \quad K_{ij,t} \in \mathbf{Z} \tag{3-57}$$

式中，$k_{ij,t}$ 表示 t 时刻支路 j 所连 OLTC 的分接头挡位；$K_{ij}^{\max}$ 和 $K_{ij}^{\min}$ 分别表示支路 ij 所连 OLTC 可调挡位的上下限；k_{ijo} 和 Δk_{ij} 分别为支路 ij 中 OLTC 的标准变比和调节步长。

为避免 OLTC 分接头操作频繁而引起元件损坏，需要对 OLTC 在一个调度周期内分接头的动作次数进行一定的限制，则其动作次数的约束条件为

$$\sum_{t=1}^{T-1} | K_{j,t+1} - K_{j,t} | \leqslant K_j^{\text{OLTClim}} \qquad (3\text{-}58)$$

式中，K_j^{OLTClim} 表示一个调度周期内 OLTC 分接头的动作次数上限。

由于 OLTC 的接入会导致系统中节点电压幅值的改变，则对于含 OLTC 的支路平衡方程可改写为

$$v_{i,t} - v_{j,t} k_{ij,t}^2 - 2(r_{ij}P_{ij,t} + x_{ij}Q_{ij,t}) + (r_{ij}^2 + x_{ij}^2)i_{ij,t} = 0, \quad \forall ij \in \Omega_{\text{OLTC}} \qquad (3\text{-}59)$$

则有

$$v_{i,t} - v_{j,t}(\Delta k_{ij}^2 K_{ij,t}^2 + 2k_{ij0}\Delta k_{ij}K_{ij,t} + k_{ij0}^2) - 2(r_{ij}P_{ij,t} + x_{ij}Q_{ij,t}) + (r_{ij}^2 + x_{ij}^2)i_{ij,t} = 0$$

$$(3\text{-}60)$$

用 OLTC 线性化方法进行处理，则 OLTC 动态约束可建立如下：

$$v_{j,t} = \sum_{n=1}^{N} \omega_{ij,t,n}^1 v_j^{\min} + \sum_{n=1}^{N} \omega_{ij,t,n}^2 v_j^{\max} \qquad (3\text{-}61)$$

$$K_{ij,t} = \sum_{n=1}^{N} (\omega_{ij,t,n}^1 + \omega_{ij,t,n}^2) K_{ij,t,n} \qquad (3\text{-}62)$$

$$\begin{cases} \sum_{n=1}^{N} (\omega_{ij,t,n}^1 + \omega_{ij,t,n}^2) = 1 \\ \sum_{n=1}^{N-1} d_{ij,t,n}^1 = 1 \end{cases} \qquad (3\text{-}63)$$

$$\begin{cases} \omega_{ij,t,1}^m \leqslant d_{ij,t,1}, & m=1,2 \\ \omega_{ij,t,N}^m \leqslant d_{ij,t,N-1}, & m=1,2 \\ \omega_{ij,t,n}^m \leqslant d_{ij,t,n-1} + d_{ij,t,n}, & m=1,2; n=2,3,\cdots,N-1 \end{cases} \qquad (3\text{-}64)$$

$$v_{i,t} - 2(r_{ij}P_{ij,t} + x_{ij}Q_{ij,t}) + (r_{ij}^2 + x_{ij}^2)i_{ij,t} = \Delta k_{ij}^2 \sum_{n=1}^{N} (\omega_{ij,t,n}^1 v_j^{\min} + \omega_{ij,t,n}^2 v_j^{\max}) K_{ij,t}^2$$

$$+ 2k_{ij0}\Delta k_{ij} \sum_{n=1}^{N} (\omega_{ij,t,n}^1 v_j^{\min} + \omega_{ij,t,n}^2 v_j^{\max}) K_{ij,t} + \sum_{n=1}^{N} (\omega_{ij,t,n}^1 v_j^{\min} + \omega_{ij,t,n}^2 v_j^{\max}) k_{ij0}^2 \qquad (3\text{-}65)$$

3.3　算例分析

3.3.1　算例设置

本章在修改后的 IEEE14 节点配电测试系统上验证所提方法的有效性，测试系统的结构拓扑图如图 3-2 所示，系统基准容量为 100MV·A，基准电压为 23kV，根据系统的线路参数和负荷数据，设全网各节点的电压安全范围为[0.95，1.05]p.u.。

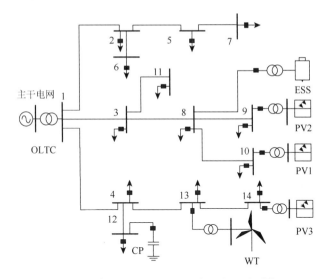

图 3-2　修改后的 IEEE14 节点配电测试系统

在原有 IEEE14 节点配电系统网络结构基础上，添加了光伏、风电、储能，以及 OLTC、电容器等无功补偿装置，具体如下：

（1）系统与上层电网的连接点处接有 OLTC，其可调电压范围为 0.95～1.05p.u.，调节步长为 0.025p.u.；

（2）节点 10、节点 9 和节点 14 处分别接有分布式光伏 PV1、PV2 和 PV3，其装机容量均为 30MW；

（3）节点 13 处接有双馈风电机组 WT，其装机容量为 5.6MW；

（4）节点 8 处接有一个储能装置 ESS，其充放电功率上下限均为 5MW；

（5）节点 12 处接有一个补偿电容器，其调节容量为 12Mvar，调节步长为 3Mvar。

本章所提有源配电系统有功无功协调优化模型着重分析系统中有功功率和无功功率在调节系统电压，保证系统安全稳定运行方面的作用，故在算例中将可再生能源的装机容量设置得较大，从而使系统中出现由可再生能源倒送而导致电压越限的情况。另外，在可再生能源接入配电网的实际应用中，确实存在由于大量分布式电源无序接入电网，导致可再生能源提供能量远远超过当地负荷需求的情况，故本算例的设置具有一定的实际意义。

系统总负荷和可再生能源出力的全天预测功率曲线如图 3-3 所示。算例中采用相对误差来表征系统中负荷功率变化和可再生能源出力波动的不确定性，本算例考虑其服从正态分布，设定为服从分布 $N(0, 0.12)$。

算例仿真是在 MATLAB R2014a 编译环境下，采用 Yalmip 优化工具建模，调用

Cplex（版本 12.5）求解。编译算法的电脑配置为 Intel®, Core™, i7-5500, 2.40GHz, 8GB 内存。

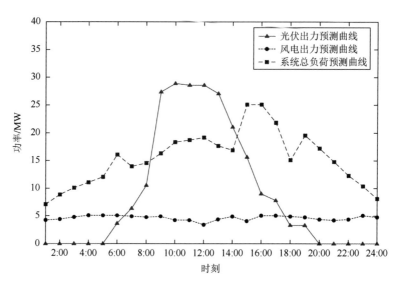

图 3-3　系统总负荷和可再生能源出力的全天预测功率曲线

3.3.2　结果分析

采用基于有功无功协调的有源配电系统鲁棒优化策略求解，设定求解过程中削减后生成的典型场景数为 50 个，得到最恶劣场景下有源配电系统的有功无功协调调控计划，即模型的鲁棒解如下。

从图 3-4 中可以看到，在 9:00～14:00 时段，由于可再生能源出力超过了负荷需求，产生功率倒送，易引起节点电压越限等问题，因此需要综合协调有源配电系统内的有功无功资源，防止系统内出现电压越限等安全性问题。图 3-4 为储能的有功无功出力，图 3-5 为可再生能源的无功出力。

从仿真结果看出，储能在 9:00～14:00 时段吸收有功功率，以缓解系统中的潮流倒送情况，降低节点电压幅值，而可再生能源则在倒送时段吸收无功功率以使越限节点电压幅值降至安全阈内。

为了进一步体现有功无功协调优化的优势，针对鲁棒调控计划对应的最恶劣场景，将有功无功协调优化结果与传统的单方面无功优化（仅以 OLTC 挡位和补偿电容器投切挡位为控制变量）结果进行比较，图 3-6 为两种优化情况下系统的网损情况对比，图 3-7 为优化前、有功无功协调优化以及传统无功优化情况下各时段的最大电压幅值偏差对比。

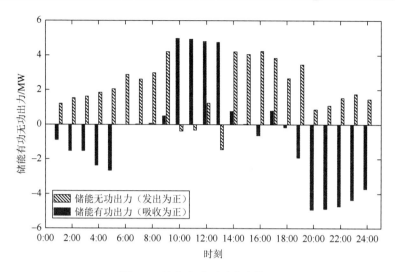

图 3-4 储能有功无功出力情况

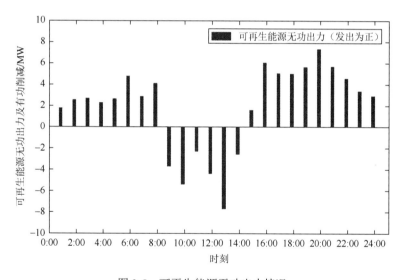

图 3-5 可再生能源无功出力情况

观察图 3-6 可以看到，在传统无功优化情况下，由于可再生能源功率倒送引起电压越限情况较为严重，仅依靠传统无功控制手段无法保证系统的安全稳定运行，因此需在功率倒送时段削减部分可再生能源出力，以使越限节点电压幅值降至安全阈内；而在有功无功协调优化情况下，由于储能、风电和光伏在功率倒送时段及时调整其有功无功出力，避免了可再生能源功率削减的情况，在有功无功协调优化情况下可再生能源功率削减量为零，保证了可再生能源的利用率。观察三种情况下的电压情况，可以看到有功无功协调优化和传统无功优化方法均将越限电压降至安全阈内，且在大部分情况下，有功无功协调优化后电压幅值偏差最小，可见通过有功功率和无功功率的协调优化，可以为系统电压提供更多的调节裕度。综上所述，在系统出现安全性问题时，通过有源配电系统有功无功协调优化方法能够充分发挥有功功率在调节系统节点电压方面的作用，相较传统的单方面无功优化，其在保证系统安全稳定运行和可再生能源利用率方面都更有效。

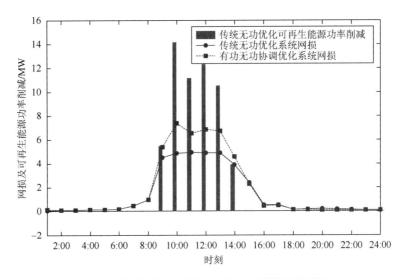

图 3-6 协调优化和传统无功优化下系统网损情况

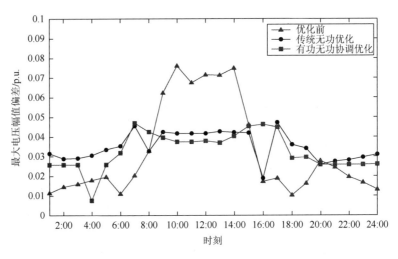

图 3-7 最大电压幅值偏差对比

3.3.3　算法分析

　　进一步分析有源配电系统有功无功协调鲁棒优化策略在应对可再生能源出力和负荷波动不确定性方面的有效性。本章将鲁棒优化求得的策略解与确定性有功无功协调优化策略进行比较，其中确定性优化策略为在忽略可再生能源出力和负荷功率的不确定性，仅以其日前预测数据代入优化模型中所求得的策略解。根据风电、光伏以及负荷功率波动预测误差的概率分布函数，采用蒙特卡罗模拟方法对上述算例随机抽取 100 个场景样本，分别在鲁棒优化策略和确定性优化策略下对这 100 个场景进行潮流计算，得到两种优化策略下每个场景中各时刻的最大电压幅值偏差分别如图 3-8 和图 3-9 所示。在鲁棒优化策略下，若场景中的可再生能源预测有功出力小于鲁棒优化策略中的可再生能源有功出力，则将该可再生能源出力限定在预测有功出力上。

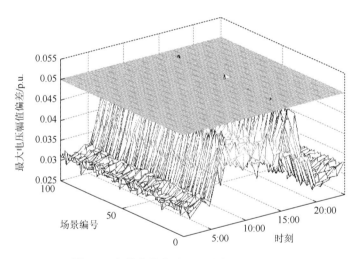

图 3-8　鲁棒优化策略下最大电压幅值偏差

　　图中顶部平面表示节点电压幅值偏差的上限。比较图 3-8 和图 3-9 可知，有源配电系统确定性有功无功优化策略由于忽略了可再生能源出力和负荷功率预测误差对系统运行的影响，不能保证全天所有时刻系统所有节点电压幅值始终满足电压安全约束。而采用鲁棒优化策略则能有效地减少由功率波动和预测误差导致节点电压越限的情况，说明本章所提出的有源配电系统有功无功协调鲁棒优化策略能够较好地适应可能出现的功率波动情况，具有一定的鲁棒性。同时，分别对鲁棒优化策略和确定性优化策略情况下电压越限情况出现的比率进行统计，确定性优化策略下电压越限场景比率为 30%，鲁棒优化策略下电压越限场景比率

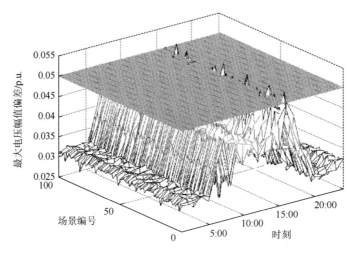

图 3-9　确定性优化策略下最大电压幅值偏差

为 5%，可以看到，与确定性优化策略相比，鲁棒优化策略下电压越限情况出现的概率显著降低，证明本章提出的有功无功协调鲁棒优化调控策略能有效应对不确定性对有源配电系统运行的影响，提高系统运行的安全性。

　　本章首先基于配电网有功无功耦合机理分析，首先具体分析了有功无功功率对于配电网系统电压和网损的影响，说明了研究有功无功协调优化问题的必要性。另外，提出了基于有功无功协调的有源配电系统鲁棒优化策略，所求得的策略能有效降低功率波动时系统出现安全性问题的概率。寻找其对应的有功无功协调优化调控策略，即鲁棒优化策略，使得系统内功率在不确定集内波动时，该优化策略能有效提高系统运行的安全性。通过修改后的 IEEE14 节点配电系统验证了有功无功协调优化在调节系统电压，保证系统安稳运行方面的有效性和优越性，以及鲁棒优化策略在应对功率波动不确定性方面的有效性。

第4章 含分布式电源的配电网有功无功协调优化技术

最优潮流（Optimal Power Flow，OPF）是电力系统优化与控制最基本、最重要的问题之一。随着配电网中分布式电源渗透率的不断提高，配电网运行的灵活性与可控性不断加强，为实现大规模并网分布式电源的主动控制与协调优化，OPF在配电网中取得了广泛的运用，例如，电压/无功控制（Volt/var Control）和需求侧响应等。但在低压配电网中，由于线路阻抗比 R/X 较大，系统有功无功注入对节点电压幅值均有显著影响，单一电压无功控制策略有时候难以满足系统运行需求。尤其是由于分布式电源并网逆变器容量的限制，在分布式电源有功出力很大的情况下，可以利用的无功补偿容量较小，难以进行充分的无功补偿实现配电网最优运行。

本章基于电力系统最优潮流模型，以最大化分布式电源有功出力和最小化配电网运行网损为目标，分别建立了三相平衡配电网支路潮流有功无功协调优化模型和三相不平衡配电网节点注入有功无功协调优化模型，通过并网分布式电源有功无功的协调配合，实现配电网降损运行，抑制过电压和欠电压问题，提高可再生能源的利用率。针对支路潮流有功无功协调优化模型，介绍了一种基于二阶锥规划（Second Order Cone Programming，SOCP）的求解策略；针对节点注入有功无功协调优化模型，提出了一种信赖域序列线性规划（Trust Region Sequencial Liner Programming，TR-SLP）求解策略。

4.1 三相平衡配电网有功无功协调优化策略

电力系统最优潮流模型需满足非线性潮流方程等式约束。节点注入模型以电力网络中节点电压、节点注入功率和电流为变量，是电力系统标准潮流模型。支路潮流模型以电力网络中每条支路的电流和功率为变量，在进行辐射状配电网的分析与运行方面引起了广泛的关注。建立了基于支路潮流模型的电力系统最优潮流模型，并给出了非凸优化模型的二阶锥松弛方法，本章将支路潮流模型和对应的二阶锥松弛（Second Order Cone，SOC）技术引入配电网有功无功协调优化策略的制定中，综合考虑分布式电源有功无功出力值和离散无功补偿设备的协调配合，实现电网的最优运行。

4.1.1 支路潮流模型

对于一个具有 n 个节点，m 条支路的电力网络 $G=(N,E)$，设其节点电压、支路电流、支路功率、节点注入功率分别为

$$\begin{cases} V=\{V_i \mid \forall i \in N\} \\ I=\{I_{ij} \mid \forall(i,j)\in E\} \\ S=\{S_{ij} \mid \forall(i,j)\in E\} \\ s=\{s_i \mid \forall i \in N\} \end{cases} \quad (4\text{-}1)$$

上述各节点与支路变量满足如下潮流方程。

任意一条支路满足基尔霍夫定律：

$$\begin{cases} V_i - V_j = z_{ij}I_{ij} \\ z_{ij} = r_{ij} + jx_{ij}, \quad \forall(i,j)\in E \end{cases} \quad (4\text{-}2)$$

式中，r_{ij} 表示支路 (i,j) 的电阻；x_{ij} 表示支路 (i,j) 的电抗。

任意一条支路的支路潮流定义如下：

$$S_{ij} = V_i I_{ij}^*, \quad \forall(i,j)\in E \quad (4\text{-}3)$$

式中，I_{ij}^* 为 I_{ij} 的共轭。

任意一个节点满足功率平衡方程：

$$\sum_{(j,k)\in E} S_{jk} - \sum_{(i,j)\in E}(S_{ij}-z_{ij}\mid I_{ij}\mid^2) + \frac{1}{2}\left(\sum_{(j,k)\in E}b_{jk} + \sum_{(i,j)\in E}b_{ij}\right)^* \mid V_j\mid^2 = s_j \quad (4\text{-}4)$$

设节点 1 为松弛节点，电压给定，则式（4-2）～式（4-4）中共有 $2m+n$ 个等式，需求解 $2m+n$ 个未知数，即为电力系统的支路潮流模型。

4.1.2 有功无功协调优化模型

主动配电网有功无功协调优化即是在求取满足一定约束的条件下使得目标函数最优的分布式电源的最优有功无功出力组合。

所述主动配电网有功无功协调优化模型以分布式电源有功出力最大化和配电网运行网损最小化为目标函数：

$$f = \sum_{(i,j)\in E} r_{ij}\mid I_{ij}\mid^2 - \sum_{i\in G_{DG}} P_{i,DG} \quad (4\text{-}5)$$

式中，$i\in G_{DG}$ 表示节点 i 有分布式电源并网；$P_{i,DG}$ 表示节点 i 所接分布式电源有功出力值。全网各个节点的注入功率为

$$S_i = \begin{cases} S_{i,\mathrm{DG}} + S_{i,\mathrm{load}}, & \forall i \in G_{\mathrm{DG}} \\ S_{i,\mathrm{load}} + q_{i,\mathrm{CB}}, & \forall i \in G_{\mathrm{CB}} \\ S_{i,\mathrm{load}}, & \text{其他} \end{cases} \qquad (4\text{-}6)$$

式中，

$$\begin{cases} S_{i,\mathrm{DG}} = P_{i,\mathrm{DG}} + j q_{i,\mathrm{DG}}, & \forall i \in G_{\mathrm{DG}} \\ S_{i,\mathrm{load}} = P_{i,\mathrm{load}} + j q_{i,\mathrm{load}}, & \forall i \in N/1 \\ q_{i,\mathrm{CB}} = t_i q_{i,\mathrm{CB}}^{\mathrm{step}}, & \forall i \in G_{\mathrm{CB}} \end{cases} \qquad (4\text{-}7)$$

式中，$q_{i,\mathrm{DG}}$ 表示分布式电源无功功率；$P_{i,\mathrm{load}}$ 表示负荷有功功率；$q_{i,\mathrm{load}}$ 表示负荷无功功率；$q_{i,\mathrm{CB}}$ 表示离散无功补偿设备无功出力值；$q_{i,\mathrm{CB}}^{\mathrm{step}}$ 表示离散无功补偿设备每挡补偿容量；t_i 表示离散无功补偿容量错位；$i \in G_{\mathrm{CB}}$ 表示节点连接有离散无功补偿设备；$N/1$ 表示除松弛节点外所有节点集合。

分布式电源有功无功出力限值约束：

$$\begin{cases} 0 \leqslant P_{i,\mathrm{DG}} \leqslant P_{i,\mathrm{DG}}^{\max}, & -q_{i,\mathrm{DG}}^{\max} \leqslant q_{i,\mathrm{DG}} \leqslant q_{i,\mathrm{DG}}^{\max} \\ q_{i,\mathrm{DG}}^{\max} = \sqrt{S_{i,\mathrm{DG}}^2 - (P_{i,\mathrm{DG}}^{\max})^2}, & \forall i \in G_{\mathrm{DG}} \end{cases} \qquad (4\text{-}8)$$

式中，$P_{i,\mathrm{DG}}^{\max}$ 表示分布式电源有功功率最大值，一般以预测值计；$S_{i,\mathrm{DG}}$ 表示分布式电源安装容量。

离散无功补偿设备挡位约束：

$$0 \leqslant t_i \leqslant t_i^{\max}, \quad t_i \in \mathbf{Z} \qquad (4\text{-}9)$$

式中，$t_i^{\max}$ 表示离散无功补偿设备最大挡位；$\mathbf{Z}$ 表示正整数集合。

节点电压约束：

$$U_i^{\min} \leqslant U_i \leqslant U_i^{\max} \qquad (4\text{-}10)$$

式中，$U_i^{\min}$ 表示允许的电压幅值下限值；$U_i^{\max}$ 表示允许的电压幅值上限值。

因此，所述的基于支路潮流的主动配电网有功无功协调优化模型表示如下：

$$\begin{cases} \min f \\ \mathrm{s.t.} \ \text{式(4-2)} \sim \text{式(4-4)}, \text{式(4-6)} \sim \text{式(4-10)} \end{cases} \qquad (4\text{-}11)$$

4.1.3　优化模型的凸松弛求解策略

模型（4-11）为含有复变量的混合整数非线性非凸优化模型，难以求解其全局最优点。针对模型（4-11），本章引入了一种两步松弛方法。第一步为角度松弛，将优化模型（4-2）中的复变量角度值消去，松弛为一个实数域下的非线性优化模型（4-2）；第二步为二阶锥松弛，通过将非线性等式约束松弛为二阶锥约束，将模型（4-4）松弛为一个二阶锥规划问题，并通过 CPLEX 算法包求解。

1. 角度松弛

将式（4-3）代入式（4-2）中得

$$V_j = V_i - z_{ij}S_{ij}^* / V_i^*, \quad \forall (i,j) \in E \tag{4-12}$$

令 $v_i = V_iV_i^* = |V_i|^2, l_{ij} = I_iI_i^* = |I_i|^2$，将式（4-2）等号两端分别乘以其共轭值得

$$\begin{cases} P_{ij}^2 + Q_{ij}^2 = l_{ij}v_i \\ S_{ij} = P_{ij} + jQ_{ij}, \quad \forall (i,j) \in E \end{cases} \tag{4-13}$$

将式（4-12）等号两端分别乘以其共轭值得

$$v_j = v_i + |z_{ij}|^2 l_{ij} - (z_{ij}S_{ij}^* + z_{ij}^*S_{ij}), \quad \forall (i,j) \in E \tag{4-14}$$

即

$$v_j = v_i + (r_{ij}^2 + x_{ij}^2)l_{ij} - 2(z_{ij}P_{ij} + x_{ij}Q_{ij}), \quad \forall (i,j) \in E \tag{4-15}$$

将式（4-4）实部虚部展开得

$$\begin{cases} \sum_{(j,k)\in E} P_{jk} - \sum_{(j,k)\in E}(P_{ij} - r_{ij}l_{ij}) = p_i, \quad \forall j \in N \\ \sum_{(j,k)\in E} Q_{jk} - \sum_{(i,j)\in E}(Q_{ij} - x_{ij}l_{ij}) + \frac{1}{2}\left(\sum_{(j,k)\in E} b_{jk} + \sum_{(i,j)\in E} b_{ij}\right)v_j = q_j \end{cases} \tag{4-16}$$

式（4-13）、式（4-14）、式（4-15）为有关节点电压幅值、支路电流幅值以及支路有功无功功率的潮流方程组，与电压及电流相角无关，即为角度松弛后的潮流方程。上述潮流方程组中共有 $2m+2n$ 个等式，需要求解 $3m+n+1$ 个变量。当网络拓扑为辐射状时有 $m = n-1$，上述方程组为 $2m+2n$ 个等式求解 $2m+2n$ 个变量，具有唯一解，故此时松弛后的潮流方程解与原始支路潮流方程解一一对应。

同理节点电压约束也可转化为如下约束：

$$(U_i^{min})^2 \leqslant v_i \leqslant (U_i^{max})^2 \tag{4-17}$$

角度松弛后，主动配电网有功无功协调优化模型为如下模型：

$$\begin{cases} \min f \\ \text{s.t. 式}(4\text{-}6)\sim\text{式}(4\text{-}9),\text{式}(4\text{-}13),\text{式}(4\text{-}15)\sim\text{式}(4\text{-}17) \end{cases} \tag{4-18}$$

模型（4-18）中，约束条件（4-13）为非线性等式约束，其余均为线性等式或不等式约束。辐射状网络模型（4-18）与模型（4-11）完全等效，但由于非线性等式约束的存在，仍然难以高效求取优化模型的全局最优解。

2. 二阶锥松弛

标准的二阶锥规划模型如下：

$$\min\{c^T X \mid AX = b, x_i \in K, i = 1, 2, \cdots\} \tag{4-19}$$

式中，变量 $X \in R_N$，系数常量 $b \in R_M, c \subset R_N, A_{M \times N} \in R_{M \times N}$，$K$ 表示标准二阶锥或旋转二阶锥。

标准二阶锥：

$$K := \left\{ x_i \in R_N \mid x_N \geq \sum_{i=1}^{N-1} x_i^2, x_N \geq 0 \right\} \tag{4-20}$$

旋转二阶锥：

$$K := \left\{ x_i \in R_N \mid x_N x_{N-1} \geq \sum_{i=1}^{N-2} x_i^2, x_{N-1} x_N \geq 0 \right\} \tag{4-21}$$

二阶锥规划是线性规划的推广形式，本质上是一种凸优化问题。目前大多数的商用优化算法包或者开源优化算法包均集成了二阶锥规划求解算法，求解效率可逼近线性规划，如 CPLEX、MOSEK、GUROBI 等。

将角度松弛后的支路潮流方程中的非线性等式约束（4-13）松弛为如下不等式：

$$\begin{cases} P_{ij}^2 + Q_{ij}^2 \geq l_{ij} v_i \\ l_{ij}, v_i > 0, \quad \forall (i, j) \in E \end{cases} \tag{4-22}$$

式（4-22）即为一个旋转二阶锥约束，将式（4-22）转化为标准二阶锥的形式如下：

$$\left\| \begin{matrix} 2P_{ij} \\ 2Q_{ij} \\ l_{ij} - v_i \end{matrix} \right\|_2 \leq l_{ij} + v_i, \quad \forall (i, j) \in E \tag{4-23}$$

因此模型（4-2）可转化为如下混合整数二阶锥规划模型：

$$\begin{cases} \min \quad f \\ \text{s.t. 式(4-6)} \sim \text{式(4-9),式(4-15)} - \text{式(4-17),式(4-22)和式(4-23)} \end{cases} \tag{4-24}$$

证明当目标函数为严格增函数且电压约束足够松弛的条件下上述二阶锥规划约束在等式成立时取得最优解，即二阶锥松弛是精确的。值得注意的是，上述条件为松弛精确的一个充分非必要条件，在实际中绝大多数场景下上述松弛都是精确的。因此对于主动配电网有功无功协调优化问题，可利用现有商用或者开源算法包求取二阶锥松弛模型获得原始问题的最优解。

4.2　三相不平衡配电网有功无功协调优化策略

低压配电网三相负荷不平衡，线路参数不对称，非全相运行等情况普遍存在，尤其是用户光伏电源及电动汽车等单相并网分布式电源的大量接入使得低压配电网的不平衡特性日趋显著，继续采用单相模型进行分析会引入很大误差，因此低压配电网采用 H 相模型进行分析决策已是共识。本章在配电网三相注入潮流方程的基础上，以最大化分布式电源有功出力及最小化配电网运行网损为目标，建立了三相不平衡主动配电网有功无功协调优化模型，通过分布式电源有功无功出力的协调配合，实现配电网降损运行，抑制过电压与欠电压问题，提高分布式电源的利用率。针对原始序列线性规划方法的收敛振荡问题，在序列线性规划的迭代过程中引入了信赖域技术，在迭代过程中自适应调整序列线性规划的迭代补偿，提高原始序列线性规划策略的求解精度与计算速度。

4.2.1　有功无功协调优化模型

分布式电源的并网使得不平衡配电网中产生了双向潮流，并且配电网中每一个并网分布式电源都可视为一个有功和无功可调电源。因此，可建立如下最优潮流形式的配电网有功无功协调优化模型：

$$
\begin{cases}
\min & F(u,x) \\
\text{s.t.} & h(u,x) = 0 \\
& g(u,x) \leqslant 0
\end{cases}
\tag{4-25}
$$

式中，F 是优化模型的目标函数；$h(u,x)$ 是等式约束；$g(u,x)$ 是不等式约束，x、u 是状态变量和控制变量。

本章以配电网运行网损最小化以及分布式电源有功出力最大化为目标函数建立有功无功协调优化模型。对于一个 W 节点的不平衡配电网，其运行网损为所有节点注入功率之和：

$$
P_{\text{loss}} = \sum_{i=1}^{N} \sum_{\varphi=A,B,C} p_i^{\varphi}
\tag{4-26}
$$

各节点的有功无功注入功率为

$$
p_i^{\varphi} =
\begin{cases}
p_{i,\text{DG}}^{\varphi} + p_{i,\text{load}}^{\varphi}, & (i,\varphi) \in G_{\text{DG}} \\
p_{i,\text{load}}^{\varphi}, & \text{其他}
\end{cases}
$$

$$
q_i^{\varphi} =
\begin{cases}
q_{i,\text{DG}}^{\varphi} + q_{i,\text{load}}^{\varphi}, & (i,\varphi) \in G_{\text{DG}} \\
q_{i,\text{load}}^{\varphi}, & \text{其他}
\end{cases}
\tag{4-27}
$$

最大化分布式电源有功出力值等效于最小化其负值，因此有功无功协调优化模型的目标函数由以下公式确定：

$$P_{\text{loss}} - P_{\text{DG}} = \sum_{\varphi=A,B,C} p_1^{\varphi} + \sum_{i=2}^{N} \sum_{\varphi=A,B,C} p_{i,\text{load}}^{\varphi} \qquad (4\text{-}28)$$

式中，节点 1 为松弛节点。

在式（4-28）中，负荷数据一般给定为一常量。因此，最小化 $P_{\text{loss}} - P_{\text{DG}}$ 等效于最小化松弛节点有功注入功率之和，将其表示为分布式电源有功无功出力的函数。直观上来说，在负荷一定的情况下，最大化分布式电源有功出力值的同时最小化配电网有功网损后，配电网松弛节点有功注入最小，即配电网从上级电网吸收的有功功率最小。因此，优化模型的目标函数为

$$\min f = \sum_{\varphi=A,B,C} p_1^{\varphi} \qquad (4\text{-}29)$$

在有功无功协调优化模型中，配电网运行时的状态变量，即每个节点的节点电压及控制变量，以及分布式电源的有功无功出力必须满足如下约束条件：

$$s^{\varphi} = \text{diag}[V^{\varphi}] \cdot [Y^{\varphi\varphi}]^* \cdot [V^{\varphi}]^* \qquad (4\text{-}30)$$

$$U_i^{\min} \leqslant U_i^{\varphi} \leqslant U_i^{\max} \qquad (4\text{-}31)$$

$$0 \leqslant p_{i,\text{DG}}^{\varphi} \leqslant p_i^{\varphi,\max}, \quad \forall(i,\varphi) \in G_{\text{DG}} \qquad (4\text{-}32)$$

$$\begin{cases} (p_{i,\text{DG}}^{\varphi})^2 + (q_{i,\text{DG}}^{\varphi})^2 \leqslant (S_{i,\text{DG}}^{\varphi})^2 \\ -\alpha S_{i,\text{DG}}^{\varphi} \leqslant q_{i,\text{DG}}^{\varphi} \leqslant \alpha S_{i,\text{DG}}^{\varphi} \end{cases}, \quad \forall(i,\varphi) \in G_{\text{DG}} \qquad (4\text{-}33)$$

式中，$S_{i,\text{DG}}^{\varphi}$ 表示对应的 Z 节点三相分布式电源并网逆变器容量；U_i^{φ} 表示节点三相电压幅值；α 表示分布式电源无功出力约束系数。

由约束（4-32）和（4-33）构成的分布式电源有功无功出力可行域如图 4-1（a）阴影部分所示。在本章的研究中，分布式电源出力值非线性约束通过将图 4-1（a）中的圆弧 AB 和 CD 近似为图 4-1（b）中的线段 $\overline{ab}$ 和 $\overline{cd}$ 实现。

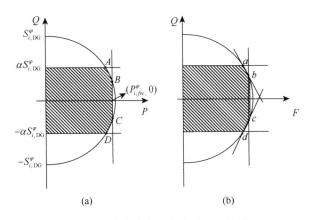

图 4-1　分布式电源有功无功可行域

因此，图 4-1（b）中的阴影部分，即分布式电源可行域可由如下四个线性约束表示：

$$
\begin{cases}
0 \leqslant p_{i,\mathrm{DG}}^{\varphi} \leqslant p_i^{\varphi,\max} \\
-\alpha S_{i,\mathrm{DG}}^{\varphi} \leqslant q_{i,\mathrm{DG}}^{\varphi} \leqslant \alpha S_{i,\mathrm{DG}}^{\varphi}, \quad 0 < \alpha < 1 \\
q_{i,\mathrm{DG}}^{\varphi} - q_i^{\varphi,\max} - t(p_{i,\mathrm{DG}}^{\varphi} - p_i^{\varphi,\max}) \leqslant 0 \\
q_{i,\mathrm{DG}}^{\varphi} + q_{i,frc}^{\varphi} + t(p_{i,\mathrm{DG}}^{\varphi} - p_i^{\varphi,\max}) \geqslant 0
\end{cases} \tag{4-34}
$$

式中，

$$
t = \frac{\alpha S_{i,\mathrm{DG}}^{\varphi} - q_i^{\varphi,\max}}{\sqrt{1-\alpha^2} \times S_{i,\mathrm{DG}}^{\varphi} - p_i^{\varphi,\max}} \tag{4-35}
$$

$$
q_i^{\varphi,\max} = \sqrt{(S_{i,\mathrm{DG}}^{\varphi})^2 - (p_i^{\varphi,\max})^2} \tag{4-36}
$$

那么，本节所述分布式电源有功无功协调优化模型即为如下模型：

$$
\begin{cases}
\min f \\
\text{s.t.} \quad \text{式(4-30),式(4-31),式(4-34)}
\end{cases} \tag{4-37}
$$

4.2.2 优化模型的线性近似

由于非线性潮流方程等式约束的存在，最优潮流形式的主动配电网有功无功协调优化模型为一个非线性非凸优化问题。国内外学者采用多种启发式算法对最优潮流问题进行寻优，如遗传算法、粒子群优化算法。但这类基于人工智能的启发式算法不能保证寻找到模型的最优解，甚至找不到可行解，并且此类算法计算量大且收敛速度慢，可靠性较差，难以实际应用。

相对于此，数值优化方法，如序列线性规划，连续二次规划具有更好的实用价值。基于线性规划技术在大电网和最优潮流领域已取得广泛的应用，在采用序列线性规划技术求解非线性最优潮流模型时，首先需要在一定的运行点处将优化模型线性化。其线性近似模型为

$$
\begin{cases}
\min \quad F(u_k,x_k) + \nabla_u F\Delta u + \nabla_x F\Delta x \\
\text{s.t.} \quad \nabla_u h\Delta u + \nabla_x h\Delta x + h(u_k,x_k) = 0 \\
\quad\quad \nabla_u g\Delta u + \nabla_x g\Delta x + g(u_k,x_k) \leqslant 0
\end{cases} \tag{4-38}
$$

因此，在序列线性规划求解过程中，第 k 次迭代模型的线性近似模型为如下模型：

$$
\begin{cases}
\min \sum_{\varphi=A,B,C} \Delta P_{1,k}^{\varphi} + P_{1,k}^{\varphi} \\[2mm]
\begin{bmatrix} \Delta P_k^{\Phi} \\ \Delta Q_k^{\Phi} \end{bmatrix} = J_k \begin{bmatrix} \Delta \theta_k^{\Phi} \\ \Delta U_k^{\Phi} \end{bmatrix} \\[2mm]
\text{s.t.} \quad U_i^{\min} \leqslant U_{i,k}^{\varphi} + \Delta U_{i,k}^{\varphi} \leqslant U_i^{\max} \\[2mm]
0 \leqslant P_{i,\mathrm{DG},k}^{\varphi} + \Delta P_{i,\mathrm{DG},k}^{\varphi} \leqslant P_i^{\varphi,\max} \\[2mm]
-\alpha S_{i,\mathrm{DG}}^{\varphi} \leqslant q_{i,\mathrm{DG},0}^{\varphi} + \Delta q_{i,\mathrm{DG}}^{\varphi} \leqslant \alpha S_{i,\mathrm{DG}}^{\varphi} \\[2mm]
q_{i,\mathrm{DG},k}^{\varphi} + \Delta q_{i,\mathrm{DG},k}^{\varphi} - q_i^{\varphi,\max} - t(P_{i,\mathrm{DG},k}^{\varphi} + \Delta P_{i,\mathrm{DG},k}^{\varphi} - P_i^{\varphi,\max}) \leqslant 0 \\[2mm]
q_{i,\mathrm{DG},k}^{\varphi} + \Delta q_{i,\mathrm{DG},k}^{\varphi} - q_i^{\varphi,\max} + t(P_{i,\mathrm{DG},k}^{\varphi} + \Delta P_{i,\mathrm{DG},k}^{\varphi} - P_i^{\varphi,\max}) \geqslant 0 \\[2mm]
\|\Delta u_k\|_{\infty} \leqslant \Delta_k
\end{cases}
\tag{4-39}
$$

式中，下标 k 表示第 k 次迭代的变量初始次数；J 表示潮流雅可比矩阵；Δu_k 表示控制变量的变化量；Δ_k 表示第 k 次迭代的迭代步长。每一轮迭代，首先对给定控制变量初值进行系统潮流分析，获得系统状态变量值并形成线性近似模型(4-38)，求解模型 (4-38) 获得新的控制变量值，进入下一轮迭代直至收敛。序列线性规划就是通过潮流方程与线性近似模型的交替迭代获得原问题的解，线性近似模型可通过商用算法 CPLEX 求解。

4.2.3　信赖域序列线性规划求解策略

序列线性规划求解过程中，选择合适的迭代步长对模型的求解效率具有很大的影响。一般说来，选取一个较大的迭代步长可获得较高的收敛速度，但收敛精度较低；选择一个较小的迭代步长，可获得较高的收敛精度，但是往往收敛速度较慢。为调和序列线性规划收敛精度与计算速度之间的矛盾，本章将信赖域技术引入序列线性规划的迭代过程，提出一种信赖域序列线性规划求解策略，通过自适应地调整每一轮迭代的补偿，实现高收敛精度的同时加快计算速度。信赖域方法是通过不断地计算信赖域子问题，获得原始问题解的一类数值优化方法的总称。具体来说，对一个一般的数值优化问题：

$$
\min_{x \in X} f(x)
\tag{4-40}
$$

式中，$f(x)$ 表示优化问题的目标函数；X 表示所有约束条件形成的可行域。在第 k 次迭代过程中，信赖域算法通过求解如下的信赖域子问题，进行一次试探：

$$
\begin{cases}
\min_{d \in X_k} m_k(d) \\
\text{s.t.} \| d \|_{w_k} \leqslant \Delta_k
\end{cases}
\tag{4-41}
$$

式中，$m_k(d)$ 表示当前迭代点 x_k 处目标函数 $f(x_k + d)$ 的近似函数；X_k 表示当前迭代点 x_k 处的近似可行域；$\|\bullet\|_{w_k}$ 是一个范数。

信赖域算法的关键问题之一为确定一个合适的信赖域子问题，此处采用 4.3.2 节的线性模型作为信赖域子问题。信赖域算法的另一个关键问题是在每一轮迭代求解对应的信赖域子问题时需设定一个合适的信赖域半径。在第 k 次迭代过程中，进一步地，令 d_k 成为与子问题（4-41）对应的信赖求解。那么原优化模型（4-40）目标函数的预测减小值为

$$\text{Pred}_k = m_k(0) - m_k(d_k) \tag{4-42}$$

原优化模型目标函数的实际减小值为

$$\text{Ared}_k = f(x_k) - f(x_k + d_k) \tag{4-43}$$

比例定义为

$$r_k = \frac{\text{Ared}_k}{\text{Pred}_k} \tag{4-44}$$

那么第 $k+1$ 次迭代的步长由以下公式确定：

$$\Delta_{k+1} = \begin{cases} \max[\Delta_k, 4\|d_k\|_\infty], & r_k > 0.9 \\ \Delta_k, & 0.1 \leqslant r_k \leqslant 0.9 \\ \min[\Delta_k / 4, \|d_k\|_\infty / 2], & r_k < 0.1 \end{cases} \tag{4-45}$$

信赖域算法具有局部超线性收敛性和全局收敛性。不平衡配电网有功无功协调优化模型的求解过程具体如下。

第一步：初始化。

（1）设置迭代次数 $k = 1$；

（2）初始化误差限 err_1 和 err_2，以及信赖域半径 Δ_k；

（3）初始化控制变量 u_k，即 $P_{i,\text{DG},k}^\varphi$、$Q_{i,\text{DG},k}^\varphi$，进行配电网潮流分析获取状态变量 X_0，即 $U_{i,0}^\varphi$、$\theta_{i,0}^\varphi$ 和雅可比矩阵 J_k。

第二步：求解信赖域子问题。

（1）生成信赖域子问题，即模型（4-5）；

（2）求解模型（4-5），并获得 Δu_k，即 $\Delta P_{i,\text{DG},k}^\varphi$、$\Delta Q_{i,\text{DG},k}^\varphi$；

（3）分别通过式（4-42）～式（4-44）计算 Pred_k、Ared_k 和 r_k。

第三步：检验是否收敛。

（1）计算一轮迭代的初始点：

$$u_{k+1} = \begin{cases} u_k, & r_k < 0 \\ u_k + \Delta u_k, & r_k \geqslant 0 \end{cases} \qquad (4\text{-}46)$$

（2）如果 $0 < \text{Ared}_k < \text{err}_1$ 并且 $\|u_k\|_\infty < \text{err}_2$ 成立，转至第四步，否则继续；

（3）按控制变量 u_{k+1} 进行配电网潮流分析并通过式（4-45）计算下一轮迭代的信赖域半径；

（4）迭代次数加一，即 $k = k + 1$，并转第二步。

第四步：获取最优解。

按控制变量 u_{k+1} 进行配电网潮流分析，获取状态变量 X_{k+1}，并通过 $F(X_{k+1}, u_{k+1})$ 计算目标函数最优值。

4.3　算 例 分 析

为验证本章所述两种配电网有功无功协调优化模型及对应的求解方法，在 MATLAB 平台上分别针对 IEEE33 节点三相平衡配电网和 IEEE123 节点不平衡配电网开发上述有功无功协调优化程序，其中潮流分析采用牛顿-拉弗森算法，二阶锥规划和线性规划子问题均给予 YALMIP 建模，并采用 CPLEX 求解。开发平台的硬件环境为 Intel i5@3.3GHz CPU，内存为 4GB，开发平台的操作系统为 Windows 7 64bit，MATLAB 版为 R2015a，YALMIP 版本为 2015204，CPLEX 版本为 12.6。

4.3.1　IEEE33 节点三相对称配电网测试系统

本节采用改进的 IEEE33 节点三相对称测试系统对所述二阶锥规划有功无功协调优化模型进行算例分析。该系统共有 33 个节点，32 条支路，电压等级为 12.66kV，总有功负荷为 3715.0kW，总无功负荷为 2300kvar，松弛节点电压设为 1.03p.u.。本章在原系统的基础上接入数个光伏电源和无功补偿电容器，其中节点 5、节点 18、节点 22、节点 25、节点 26 分别接入光伏电源，每个光伏电源的装机容量均为 600kV·A，有功出力均为 350kW，剩余容量可进行无功补偿；节点 10 和节点 33 分别接入一组无功补偿电容器，每组电容器均为 6 挡可调，每挡补偿容量为 100kvar，最大补偿容量达 600kvar，如图 4-2 所示。

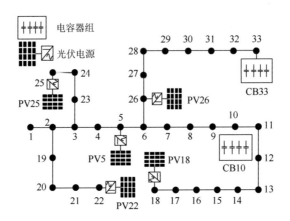

图 4-2　改进的 IEEE33 节点配电系统示意图

4.3.2　结果分析

假设全网各节点的安全电压范围为[0.97，1.03]p.u.，按本章所述基于混合整数二阶锥规划的协调优化策略对配电网运行状态进行优化，优化前后各分布式电源有功无功出力及无功补偿电容器投运情况对比如表 4-1 所示。

表 4-1　优化前后各调节设备有功无功出力对比

设备调节	优化前		优化后	
	有功/kW	无功/kvar	有功/kW	无功/kvar
PV5	350	0	350	251.2
PV18	350	0	350	146.4
PV22	350	0	350	31.0
PV25	350	0	350	361.7
PV26	350	0	350	487.3
CB10	—	0	—	2×100
CB33	—	0	—	6×100

按协调优化策略，分布式电源的有功无功出力和配电网中的现有无功补偿设备可以协调配合以达到运行状态的最优化。

优化前后配电网各节点电压幅值对比如图 4-3 所示。

由图 4-3 可知，优化前节点 30～33 越系统安全电压下限，不能满足配电网安全运行的要求，经过本章所述策略的优化后，所有节点电压均有不同程度的提高，均能满足系统安全运行的需求，同时各支路之间的电压降落也显著降低，有利于系统降损运行。优化前后系统的有功网损对比如表 4-2 所示。

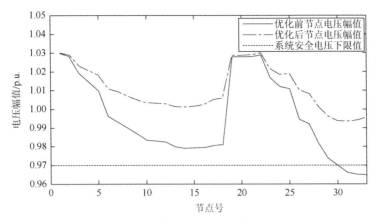

图 4-3 优化前后节点电压幅值对比图

表 4-2 优化前后各系统有功网损对比（一）

优化前网损	优化后网损	降损率
108.3kW	50.4kW	53.5%

由表 4-2 可知，通过分布式电源的有功无功出力以及配电网中无功补偿设备的协调配合，可大幅降低配电网的运行网损，在保障配电网安全运行的前提下提高配电网运行的经济性。

为验证二阶锥松弛的精确性，定义支路二阶锥松弛误差为

$$D_i = \left\| l_{ij} - \frac{P_{ij}^2 + Q_{ij}^2}{v_i} \right\|, \quad \forall (i,j) \in E \qquad (4\text{-}47)$$

则整个测试系统各条支路的松弛误差如图 4-4 所示。

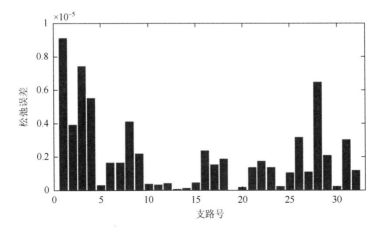

图 4-4 各支路松弛误差柱状图

由图 4-4 可知，IEEE33 节点配电系统中所有的支路松弛误差均小于 10^{-5}，二阶锥松弛是足够精确的。

4.3.3　三相不平衡配电网算例

采用改进 IEEE123 节点三相不对称配电系统验证所述配电网有功无功协调优化模型及信赖域序列线性规划求解策略的有效性。该系统电压等级为 4.16kV，根节点电压幅值设定为 1.05p.u.，三相负荷总有功功率为 3490kW，总无功功率为 1925kvar，系统三相不平衡普遍存在，各相所带有功负荷相差最大达到数百千瓦。另外该系统中存在众多自阻抗及互阻抗为零，单相运行或者两相运行的支路，线路参数也存在严重的三相不对称，数值条件复杂。

本章在原系统的基础上接入了数个光伏电源（PV），27 节点 C 相、65 节点 B 相及 101 节点 A 相分别接入单相并网光伏电源（PV27、PV65、PV101），装机容量均为 500kV·A。节点 47 和节点 114 分别接入三相并网光伏电源（PV47、PV114），其中 PV47 三相可独立调节，PV114 仅可三相联动调节，每一相接入容量均为 600kV·A。系统中分布式电源总装机容量与系统负荷总视在功率相当，分布式电源的不对称并网更加剧了网络的三相不平衡。

基于以上测试系统，将系统安全运行电压范围设置为[0.95，1.05]p.u.，无功出力约束系数 α 设为 0.5。本章设计如下典型运行场景验证所述优化运行策略的有效性：①在正常运行情况下，通过分布式光伏电源无功出力值优化，实现配电网降损运行；②考虑到未来负荷增大，且在夜间光伏电源无有功出力时，通过并网逆变器对网络进行无功补偿，抑制可能产生的欠电压问题，同时实现配电网降损运行；③天气状况良好，分布式光伏有功出力大于本地负荷需求时，通过分布式光伏电源有功无功出力值的协调优化，抑制可能产生的过电压问题，同时实现分布式电源有功出力的最大化。

4.3.4　配电网无功优化及降损运行

在场景①的条件下，优化前分布式电源全部按预测的最大功率输出有功，无功出力为零；优化后分布式电源有功仍按照预测功率输出，但无功出力不再为零。优化前后分布式电源有功无功出力对比如表 4-3 所示。

表 4-3　分布式电源有功无功出力对比

光伏电源	相	优化前		优化后	
		有功/kW	无功/kvar	有功/kW	无功/kvar
PV27	C	350	0	350	97.0
	A	400	0	400	259.4
PV47	B	400	0	400	30.4
	C	400	0	400	300
PV65	B	350	0	350	33.8
PV101	A	350	0	350	−32.7
PV114	A	400	0	400	−17.9
	B	400	0	400	−17.9
	C	400	0	400	−17.9

由表 4-3 可知，按照本章所述的优化运行策略，分布式电源需要对系统优化运行承担更多责任，如调节电压和降低网损。由于配电网三相不平衡，三相独立可调的分布式电源每相无功出力不同，优化结果更精确。优化前后系统网损对比如表 4-4 所示。

表 4-4　优化前后各系统有功网损对比（二）

优化前网损	优化后网损	降损率
52.3kW	40.0kW	23.5%

通常逆变器并网的分布式电源具有可观的剩余容量，按照本章所述有功无功协调优化策略可充分利用分布式电源的并网逆变器进行无功补偿，实现配电网降损运行。

4.3.5　重负荷条件下电压支撑

在场景②的条件下，分布式电源有功出力为零，这种情况通常出现在夜间或者阴天，并且考虑到未来配电网中的负荷增长：将负荷增加为 130%。在这种情况下如果不采取任何措施，配电网将会出现严重的低电压问题。按本章的优化策略，可利用分布式电源并网逆变器进行无功补偿，保证配电网供电质量，优化前后系统三相节点电压幅值对比如图 4-5 所示。

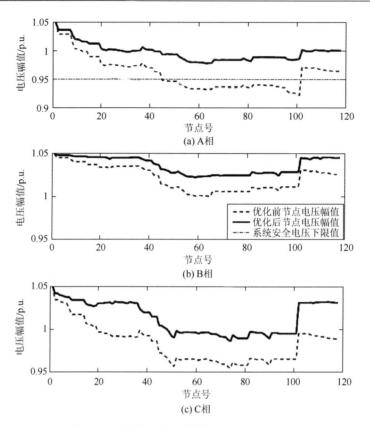

图 4-5　优化前后三相节点电压幅值对比（一）

由图 4-5 可知，优化前节点 45～101 A 相电压低于系统安全电压下限值，优化后整个系统的电压都有所抬升，所有节点的电压均满足节点电压约束。由于采用了三相不对称的模型，除了 PV114 外所有的光伏电源每相均可独立调节，因此按优化模型所得每相采用了不平衡的补偿方案，并且节点电压的不平衡程度有所降低。

同样，在场景②的条件下系统的有功网损也有所降低。本章还通过选取不同的系数 α 研究了不同的补偿容量对系统网损的影响，结果如表 4-5 所示。

表 4-5　系统有功网损与降损率的关系

α	有功网损	降损率
0	197.4kW	—
1/4	160.0kW	18.94%
1/2	148.6kW	24.74%
3/4	146.7kW	25.63%
1	146.7kW	25.63%

　　由表 4-5 可知，越大的补偿容量可获得越好的降损效果。但当补偿容量比较充足时，采用更大容量的逆变器对减小网损的影响并不明显，例如，当最大无功补偿容量由逆变器容量的 1/2 增大为 3/4 时，系统有功网损仅减小了 1.9kW，而最大无功补偿容量由逆变器容量的 3/4 增大为逆变器容量时，系统有功网损没有任何降低。因此在规划阶段确定分布式电源最佳安装容量时，就需要综合考虑当前系统负荷大小、未来的负荷增长情况以及系统无功补偿需求。并且，在本章的研究中，在某种程度上分布式电源的无功补偿功率是免费的，在往后的工作中还需要进一步考虑分布式电源的无功电价。

4.3.6　过电压情况下的分布式电源有功出力最大化

　　在场景③的条件下，分布式电源预测最大有功出力为并网装机容量值。此时若分布式电源按预测功率满发，分布式电源并网逆变器无剩余容量进行无功电压调节，由于分布式电源高功率注入带来的系统电压抬升，系统会出现严重的过电压问题。为保障配电网安全运行，需要额外安装其他的电压调节设备或者减少光伏有功出力值。但是，按本章所述有功无功协调优化策略，无须安装额外的电压调节装置就可以最小的光伏减出力代价实现全网电压调节，保证全网电压在允许的范围内。调节前后系统的三相电压如图 4-6 所示。由图 4-6 可知，由于分布式电源的功率注入，整个配电网 B 相出现了严重的过电压问题。按本章所述协调优化策略优化后，A、B 两相电压均有所降低，C 相电压有所升高，整个配电网所有节点电压均保持在允许的范围内并且电压不平衡程度有所降低。按本章所述协调优化策略，分布式电源的有功无功出力同时参与优化，相比光伏减出力策略，配电网可以允许更多的可再生能源并网，采用不同策略时各分布式电源有功出力值如表 4-6 所示。由表 4-6 可知，按本章所述的有功无功协调优化策略，PV27 C 相需要减出力 14kW，PV47B 相需要减出力 64kW，PV101 需要减出力 24kW，以保证不产生过电压问题。然而，若仅采用光伏减出力策略，则至少需要削减光伏有功 764kW 才能保证全网电压合格，大约为协调优化策略削减光伏功率的 7 倍，造成了可再生能源的严重浪费。

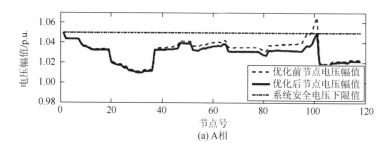

(a) A相

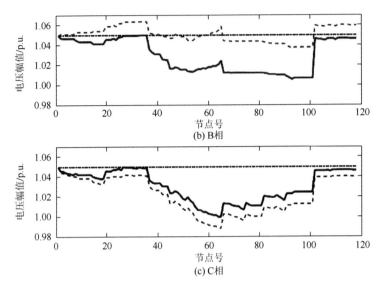

图 4-6　优化前后节点电压幅值对比（二）

表 4-6　不同的电压调节策略光伏有功出力值对比（一）

光伏电源	相	光伏有功出力/kW		
		最大值	协调优化法	减出力法
PV27	C	500	486	316
	A	600	600	600
PV47	B	600	536	20
	C	600	600	600
PV65	B	500	492	500
PV101	A	500	476	500
PV114	A	600	600	600
	B	600	600	600
	C	600	600	400

4.3.7　计算效率分析

为验证本章所述信赖域序列线性规划求解策略的有效性，分别采用本章所述信赖域序列线性规划方法，以及步长为 0.001 和 0.0002 的两个固定步长序列线性规划方法对本章构建的三个场景进行算法求解速度与求解精度分析，收敛精度分别设置为 $err_1 = 10^{-6}$，$err_2 = 2 \times 10^{-3}$，结果如表 4-7 所示。

表 4-7 不同的电压调节策略光伏有功出力值对比（二）

场景	迭代次数/计算时间		
	信赖域	$\Delta = 0.001$	$\Delta = 0.0002$
场景①	14/6.32s	33/16.67s	134/66.15s
场景②	16/7.20s	振荡	105/56.65s
场景③	9/4.15s	63/32.69s	311/143.61s

由表 4-7 可知，本章所述信赖域序列线性规划方法具有良好的收敛精度与计算速度，原因在于信赖域技术的引入使得序列线性规划迭代过程中每一轮的迭代步长均可自适应地调整，解决了收敛精度与计算速度的矛盾。相反地，若采用固定步长，不是收敛精度较低就是计算速度较慢。例如，步长采用 0.001 比步长采用 0.0002 收敛速度快得多，但在场景②中，采用步长 0.001 已不能达到设定的收敛精度。在场景②的条件下分别采用上述三种方法进行计算，变化过程如图 4-7 所示。

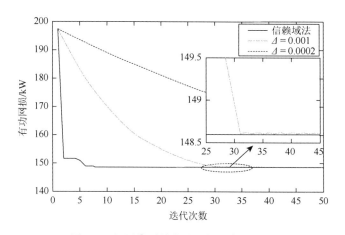

图 4-7 场景②系统有功网损的变化过程

由图 4-7 可知，信赖域序列线性规划方法收敛速度远大于两种固定步长法。采用迭代步长 $\Delta = 0.0002$ 时经过 50 次迭代后仍然未收敛，若采用迭代步长 $\Delta = 0.001$，在 30 次迭代后已开始振荡。

随着配电网中的分布式电源渗透率不断提高，对并网分布式电源进行主动控制与协调优化，积极消纳分布式电源，是主动配电网技术框架中最重要的环节。本章将大电网最优潮流理论与方法引入配电网优化运行中，针对H相对称配电网和三相不对称配电网分别建立了基于支路潮流的有功无功协调优化模型和基于节点注入的有功无功协调优化模型。对于基于支路潮流的有功无功协调优化模型，本章介绍了一种二阶锥松弛技术通过将非线性非凸优化模型松弛为二阶锥规划模型，实现了原始优化模型的高效全局寻优，基于 IEEE33 节点配电系统的仿真算例表明对于辐射状网络，二阶锥松弛是足够松弛的。对于基于节点注入模型有功无功协调优化模型，提出了一种信赖域序列线性规划求解策略，通过信赖域技术的引入自适应地调节序列线性规划迭代步长，实现了原始序列线性规划收敛精度与计算速度的大幅提高。对不同网络的算例分析说明，通过对配电网中分布式有功无功出力的合理调控，可抑制大规模分布式电源并网带来的电压潮流波动问题，提高分布式电源的利用率，降低运行损耗，实现配电网的安全经济运行。

第5章　基于二阶锥优化的有源配电网优化调度

随着分布式电源广泛接入配电网，配电网从被动接受上层电网调度逐步过渡到具有一定的调度特性，成为与各级电网相互支援、利益共享的独立体。配电网的调度和输电网调度有所不同，如何结合有源配电网的实际情况对其建立调度模型，并开发高效求解算法成为配电网调度亟须解决的问题。

5.1　潮流凸松弛

按照优化方法的不同和发展历程可将电力系统优化调度分成两类：经典经济调度和最优潮流（现代经济调度）。经典经济调度是将负荷优化分配给确定的各个运行机组，使得整个电力系统的发电成本或者燃料消耗量最小，这也是目前电力公司大多采用的调度方法。但目前的经济调度，只能考虑发电机的有功功率约束和部分线路安全约束，具有较大的局限性。和经典经济调度相比，最优潮流（Optimal Power Flow，OPF）可以包含的约束条件更多，优化结果精度也更高，但是 OPF 的计算量大，计算时间较长，优化结果与原发电计划制定的各机组发电量相差较大，而且仅仅对一个时间断面进行优化，不能处理变量改变的连续性和各时间断面间的关联等问题，如发电机的速度调整限制，储能的容量限制等。与大电网的调度不同，在配电网优化调度中，需要考虑潮流约束来比较优化调度方案的可行性、经济性和安全性，如何在配电网优化调度中进一步考虑潮流约束或者在 OPF 的基础上考虑时段间的耦合特性，并且提高求解效率是配电网优化调度面临的一个难题。

配电网的潮流方程是一组非线性方程，通常采用迭代法（牛顿-拉弗森法、前推回代）和启发式算法进行求解，对于求解算法，要求能够计算速度快、可靠收敛、计算方便和灵活等。随着配电网规模的持续增大，潮流方程阶数也变得越来越高，如何对其进行有效求解，研究人员正在进行不懈的努力。

本章针对配电网特殊的网络拓扑结构，首先对配电网潮流方程中的非凸约束进行凸松弛处理，并将其纳入配电网优化调度模型中。经过松弛后的配电网优化调度模型，可以通过二阶锥优化的方法得到有效快速求解。

5.1.1　二阶锥优化理论

二阶锥优化（Second Order Cone Programming，SOCP）问题可以追溯到 17 世纪的 Fermat-Weber 问题。在实际应用中，许多数学问题都可以转化成 SOCP 问题来进行求解，线性规划（Linear Programming，LP）和凸二次规划（Convex Quadratic Programming，CQP）问题可看作 SOCP 的特例，可以统一在 SOCP 的框架下。作为优化领域的一个分支，SOCP 在与鲁棒相关的控制、组合优化以及金融等领域有着广泛的应用。

SOCP 是在一个仿射空间和有限个二阶锥 Descartes 乘积的交集上对线性问题极小化（极大化），其约束是凸的、非光滑的，SOCP 问题的标准形式可描述为

$$\begin{cases} \min & c^{\mathrm{T}}x \\ \text{s.t.} & Ax = b \\ & x \in K \end{cases} \tag{5-1}$$

式中，$c \in \Re^n$，$A \in \Re^{m \times n}$，$b \in \Re^m$ 为常数；K 是二阶锥上的 Descartes 积，即 $K = K^{n_1} \times K^{n_2} \times \cdots \times K^{n_r}$，且 $n_1 + n_2 + \cdots n_r = n$，$n_i$ 维二阶锥主要分成三类，具体定义如下：

（1）$\Re^+ = \{z \in \Re \mid z \geq 0\}$；

（2）二阶锥，$K^{n_i} := \{(z_1, z_2^{\mathrm{T}}) \in \Re \times \Re^{n_i-1} \mid z_1^2 \geq \| z_2 \|^2, z_1 \geq 0\}$；

（3）旋转二阶锥，$K^{n_i} := \{(z_1, z_2, z_3^{\mathrm{T}}) \in \Re \times \Re \times \Re^{n_i-2} \mid 2z_1z_2 \geq \| z_3 \|^2, z_1, z_2 \geq 0\}$。

对于锥集合 $K^{n_1}, K^{n_2}, \cdots, K^{n_r}$，若它们同时为尖、闭、实或凸锥，则它们的 Descartes 积为 K 锥且为尖、闭、实或凸锥。交集运算保持锥及锥的尖、闭、实或凸的性质。

SOCP 问题中的 m 个约束和目标函数与决策变量 x 都是线性关系，而 x 则取自于锥 K，因此又可称为线性锥优化。SOCP 将变量间的复杂联系隐含于锥内，而在表面上却有一个非常好的线性表现。二阶锥规划本质上是一种凸规划问题，具有计算的高效性和解的最优性。对于一些简单的锥，可以通过设计多项式时间的算法来解决，而描述困难问题的复杂的锥，则可以由简单的锥优化算法来求其近似解。目前，使用现有的 SOCP 算法包能够容易地获得最优解，并且能够在多项式时间内求解。

5.1.2　潮流方程的二阶锥转化

有源配电网由 DG、网络和负荷构成，配电系统的数学模型中含有大量变量。

配电网的网络连接方式基本是辐射状，可以通过有向树状图 $G(\Omega, E)$ 来表示配电网络。

其中，$\Omega := \{0,1,\cdots,m\}$ 为配电网线路的节点集，树 G 的根节点 0 代表连接变电站的节点；$E := \{e_1, e_2, \cdots, e_m\}$ 为连接两个节点间的支路集合，$e_j = (i, j)$ 即 $i \rightarrow j$，表示从节点 i 指向节点 j 的配电支路，且节点 i、j 分别称作配电支路 e_j 的父、子节点。

如图 5-1 所示，已知某辐射状配电网中的支路 $(i, j) \in E$，线路阻抗为 $Z_{ij} = r_{ij} + jx_{ij}$，连接变电站的母线电压 U_0 和各节点注入有功功率 P_j 和无功功率 Q_j，在忽略线路导纳情况下，则流过配电网各支路的有功 P_{ij}、无功 Q_{ij}、电流 $\dot{I}_{ij}$ 和各节点电压 $\dot{U}_i$ 满足以下潮流方程组：

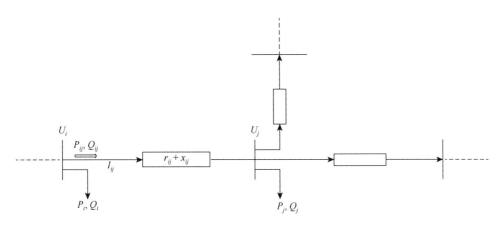

图 5-1　配电网某支路

$$Z_{ij}\dot{I}_{ij} = \dot{U}_i - \dot{U}_j, \quad \forall (i, j) \in E \qquad (5\text{-}2)$$

$$S_{ij} = \dot{U}_i\dot{I}_{ij}^*, \quad \forall (i, j) \in E \qquad (5\text{-}3)$$

$$S_j = \sum_{i \in u(j)} S_{ij} - Z_{ij}I_{ij}^2 - \sum_{k \in v(j)} S_{jk}, \quad \forall j \in \Omega \qquad (5\text{-}4)$$

式中，$S_{ij} = P_{ij} + jQ_{ij}$，$S_j = P_j + jQ_j$，$\dot{U}_i = U_i\cos\theta_i + jU_i\sin\theta_i$；$u(j)$ 为配电网支路中以节点 j 为子节点的父节点集合；$v(j)$ 为配电网支路中以节点 j 为父节点的子节点集合。将式（5-2）代入式（5-3）可得 $\dot{U}_j = \dot{U}_i - Z_{ij}S_{ij}^*/\dot{U}_i^*$，对等式左右两边取模的平方，得 $U_j^2 = U_i^2 + |Z_{ij}|^2 I_{ij}^2 - (Z_{ij}S_{ij}^* + Z_{ij}^*S_{ij})$，令 $\tilde{U}_i = U_i^2$ 和 $\tilde{I}_{ij} = I_{ij}^2$，则

$$\tilde{U}_j = \tilde{U}_i - 2(r_{ij}P_{ij} + x_{ij}Q_{ij}) + (r_{ij}^2 + x_{ij}^2)\tilde{I}_{ij}, \quad \forall (i, j) \in E \qquad (5\text{-}5)$$

将式（5-4）的实部和虚部展开，得

$$\sum_{i \in u(j)} (P_{ij} - r_{ij}\tilde{I}_{ij}) = \sum_{k \in v(j)} P_{jk} + P_j, \quad \forall (i,j) \in E \tag{5-6}$$

$$\sum_{i \in u(j)} (Q_{ij} - x_{ij}\tilde{I}_{ij}) = \sum_{k \in v(j)} Q_{jk} + Q_j, \quad \forall (i,j) \in E \tag{5-7}$$

式中，$P_j = P_j^d - P_j^{DG}$（$Q_j = Q_j^d - Q_j^{DG}$）；P_j^d（Q_j^d）为节点 j 上的负荷有功（无功）需求；P_j^{DG}（Q_j^{DG}）为节点 j 上连接的分布式电源有功（无功）出力。

将式（5-3）的等号左右两边取模的平方，得

$$\tilde{I}_{ij}\tilde{U}_i = P_{ij}^2 + Q_{ij}^2, \quad \forall (i,j) \in E \tag{5-8}$$

上述方程组（5-5）～（5-8）的解 $(S_{ij}, \tilde{I}_{ij}, \tilde{U}_i)$ 可看成原潮流方程组（5-2）～（5-4）解 (S_{ij}, I_{ij}, U_i) 的映射。复变量 $\dot{I}_{ij}$ 和 $\dot{U}_i$ 表示复平面上的某个点，通过 $\tilde{U}_i = U_i^2$ 和 $\tilde{I}_{ij} = I_{ij}^2$ 的映射以后，变量 $\tilde{I}_{ij}$ 和 $\tilde{U}_i$ 可看成以复平面中对应点 $\dot{I}_{ij}$ 和 $\dot{U}_i$ 到原点距离为半径的圆环。

经过相角松弛后的配电网潮流模型是扩展 Baran 模型。松弛后的模型是否和原模型等价，问题的关键在于能否从相角松弛得到的解中获取相角信息。由前面松弛定义可得

$$I_{ij} = \sqrt{\tilde{I}_{ij}} \cdot e^{j(\theta_i - \angle S_{ij})}, \quad V_i = \sqrt{\tilde{V}_i} \cdot e^{j\theta_i}$$

假设 $\theta = \{\theta_1, \theta_2, \cdots, \theta_n\} \in (-\pi, \pi]$，$\theta_i$ 为节点 i 的电压相角，而根节点是变压器节点，其电压幅值和相角均为已知值。根据相角松弛解 $(S_{ij}, \tilde{I}_{ij}, \tilde{U}_i)$，通过式（5-9）可得到各条支路上的电压相角差：

$$\beta_{ij} = \angle(\tilde{U}_i - Z_{ij}^* S_{ij}), \quad (i,j) \in E \tag{5-9}$$

式中，β_{ij} 为支路（i，j）上节点 i 和 j 间的电压相角差。

辐射状配电网的网络拓扑是一个遍历树图，在根节点电压相角 θ_0 已知的情况下，便可根据以下公式求得各节点电压以及每条支路电流的相角：

$$\theta_i - \theta_j = \beta_{ij} + 2k_{ij}\pi, \quad k_{ij} \in \mathbf{N} \tag{5-10}$$

5.1.3　二阶锥最优解的保真性

根据松弛后的配电网支路潮流模型，建立以下最优潮流模型：

$$\min f = \sum_{(i,j)\in E} r_{ij}\tilde{I}_{ij}$$

$$\text{s.t.}\quad \text{式}(5\text{-}5)\sim\text{式}(5\text{-}8)$$

$$\tilde{I}_{ij} \leqslant I_{ij}^{\max} \tag{5-11}$$

$$U_i^{\min} \leqslant \tilde{U}_i \leqslant U_i^{\max}$$

$$P_{i,\min}^{\mathrm{DG}} \leqslant P_i^{\mathrm{DG}} \leqslant P_{i,\max}^{\mathrm{DG}}$$

$$Q_{i,\min}^{\mathrm{DG}} \leqslant Q_i^{\mathrm{DG}} \leqslant Q_{i,\max}^{\mathrm{DG}}$$

式中，$I_{ij}^{\max}$ 为配电网支路 ij 电流的上限，值得注意的是此处的电流上限已经是平方后的电流上限值；$U_i^{\max}$ 和 $U_i^{\min}$ 分别为节点 i 电压幅值的上下限；$P_{i,\max}^{\mathrm{DG}}$（$Q_{i,\max}^{\mathrm{DG}}$）和 $P_{i,\min}^{\mathrm{DG}}$（$Q_{i,\min}^{\mathrm{DG}}$）分别为节点 i 上连接的 DG 的有功（无功）出力的上下限。

在上述 OPF 模型的约束条件中，式（5-5）～式（5-7）是变量的线性方程，而式（5-8）为非线性二次方程，因此该模型为非线性优化问题，其求解仍然是 NP 难问题。本章针对式（5-8）进一步松弛，将其改成不等式约束：

$$\tilde{I}_{ij}\tilde{U}_i \geqslant P_{ij}^2 + Q_{ij}^2, \quad \forall(i,j)\in E \tag{5-12}$$

再进一步做等价变形，将式（5-12）化为标准二阶锥形式：

$$\left\| \begin{matrix} 2P_{ij} \\ 2Q_{ij} \\ \tilde{I}_{ij} - \tilde{U}_i \end{matrix} \right\|^2 \leqslant \tilde{I}_{ij} + \tilde{U}_i \tag{5-13}$$

经过上述处理以后，原始的 OPF 问题变为

$$\begin{cases} \min f = \displaystyle\sum_{(i,j)\in E} r_{ij}\tilde{I}_{ij} \\ \text{s.t.}\ \text{式}(5\text{-}5)\sim\text{式}(5\text{-}7),\text{式}(5\text{-}12) \\ \tilde{I}_{ij} \leqslant I_{ij}^{\max} \\ U_i^{\min} \leqslant \tilde{U}_i \leqslant U_i^{\max} \\ P_{i,\min}^{\mathrm{DG}} \leqslant P_i^{\mathrm{DG}} \leqslant P_{i,\max}^{\mathrm{DG}} \\ Q_{i,\min}^{\mathrm{DG}} \leqslant Q_i^{\mathrm{DG}} \leqslant Q_{i,\max}^{\mathrm{DG}} \end{cases} \tag{5-14}$$

式（5-13）表示的是典型的二阶锥，而且优化模型的目标函数是线性的，所以式（5-14）表示的 OPF 模型是一个 SOCP 问题。如前面所述，SOCP 问题属于凸规划问题，与 LP 问题一样，可以在多项式时间内求得全局最优解，其解的可靠性和求解效率都比原非线性规划问题有了很大的提高。

二阶锥最优解的保真性是指经过锥松弛后的优化解与松弛前的 OPF 问题解是等价的。上述松弛过程可以用图 5-2 来表示。引入二阶锥松弛后，原优化问题中

的非凸域 C_{org} 被松弛成一个凸域 C_{soc}，C_{soc} 中获得的最优解 X 是原 OPF 的一个下界解，进一步，若是最优解 X 属于域 C_{org}，则 X 就是原 OPF 问题的最优解，称该 SOC 松弛是严格的。

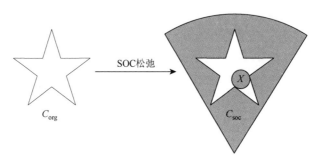

图 5-2　二阶锥松弛示意图

如图 5-2 所示，经过二阶锥松弛后的 OPF 问题的可行域明显要大于原问题的可行域。经过严格推导，得到了 SOCP 松弛精确成立的一组充分条件：目标函数是凸的；目标函数是关于支路电流的增函数，节点负荷的非增函数，与支路功率无关；网络拓扑是树状连通图；优化问题是可行的等。对于松弛后的 SOCP 问题，可以通过原-对偶内点法来求解。

为了验证将上述 OPF 模型松弛转化成 SOCP 问题的准确性，本章采用该 OPF 模型在 MATLAB 环境下通过 Mosek 工具包进行 IEEE 33 节点标准算例潮流计算（即将该配电网 OPF 模型中的 DG 的有功、无功出力设为 0），并与牛顿-拉弗森法的潮流计算结果进行对比，具体结果见表 5-1。

表 5-1　牛顿-拉弗森法与 SOCP 潮流计算结果对比

节点编号	V/p.u.		节点编号	V/p.u.	
	牛顿-拉弗森法	SOCP		牛顿-拉弗森法	SOCP
2	0.99703226	0.997028496	11	0.928384417	0.92832475
3	0.982937983	0.982917243	12	0.926884837	0.926824928
4	0.975456413	0.97542616	13	0.920771748	0.920711013
5	0.968059232	0.968020012	14	0.918504993	0.918444062
6	0.949658177	0.94960389	15	0.91709268	0.917031634
7	0.946172614	0.946117225	16	0.91572476	0.915663607
8	0.941328437	0.941271726	17	0.913697546	0.913636242
9	0.935059372	0.935000975	18	0.913090479	0.913029134
10	0.929244423	0.929184889	19	0.996503896	0.996500118

节点编号	V/p.u.		节点编号	V/p.u.	
	牛顿-拉弗森法	SOCP		牛顿-拉弗森法	SOCP
20	0.9929263	0.992922452	27	0.945165164	0.945108314
21	0.992221796	0.992217945	28	0.933725581	0.933663871
22	0.991584377	0.991580523	29	0.925507478	0.925444134
23	0.979352257	0.979331031	30	0.921950058	0.921886322
24	0.972681101	0.972659308	31	0.917788887	0.917724757
25	0.969356112	0.969334203	32	0.916873466	0.916809269
26	0.94772891	0.947673537	33	0.916589822	0.916523971

从表中可以看出，两种方法求解的潮流电压结果非常接近，最大偏差量为0.0000685，考虑到求解工具的数值计算精度以及数据位数取舍不同，这个结果是完全能够接受的。牛顿-拉弗森法求解的 IEEE33 节点网络有功网络损耗为 0.0202677p.u.，而用 SOCP 求解的网络损耗为 0.020757p.u.，两者的偏差为 0.0004893。可见，SOCP能够准确地求解潮流，并且潮流计算结果的对比和一致性也验证了将式（5-18）松弛为式（5-12）并未将原问题的解改变。

5.2　基于二阶锥的配电网优化调度模型

上述的配电网 OPF 模型是对配电网络某一具体时刻进行优化，本节在其基础上作进一步扩展，将光伏、储能、SVC 作为优化调度变量，建立了基于二阶锥优化的配电网优化调度模型。

5.2.1　二阶锥优化理论

对于有源配电网（此处指含有可再生能源的配电网）优化调度模型，本节将调度周期内的有功网络损耗最小作为目标函数：

$$\text{Loss} = \Delta T \sum_{t=1}^{T} \sum_{i=1}^{N} \sum_{j \in v(i)} r_{ij} \tilde{I}_{ij}^{t} \tag{5-15}$$

式中，Loss 为配电网的有功网络损耗；ΔT 为调度时间间隔；T 为调度周期；N 为配电网的节点数量；$v(i)$ 的定义与前面相同；$\tilde{I}_{ij}^{t}$ 为 t 时段支路 ij 的电流幅值。

5.2.2　二阶锥优化理论

（1）潮流约束：

$$
\begin{cases}
\displaystyle\sum_{i\in u(j)}(P_{ij}^t - r_{ij}\tilde{I}_{ij}^t) = \sum_{k\in v(j)} P_{jk}^t + P_j^t \\[2mm]
\displaystyle\sum_{i\in u(j)}(Q_{ij}^t - x_{ij}\tilde{I}_{ij}^t) = \sum_{k\in v(j)} Q_{jk}^t + Q_j^t \\[2mm]
P_j^t = P_{j,d}^t + P_{j,t}^{\mathrm{ch}} - P_{j,t}^{\mathrm{dis}} - P_{j,t}^{\mathrm{PV}} \\[2mm]
Q_j^t = Q_{j,d}^t - Q_{j,t}^{\mathrm{SVC}} - Q_{j,t}^{\mathrm{PV}} \\[2mm]
\tilde{U}_j^t = \tilde{U}_i^t - 2(r_{ij}P_{ij}^t + x_{ij}Q_{ij}^t) + ((r_{ij})^2 + (x_{ij})^2)\tilde{I}_{ij}^t \\[2mm]
\tilde{I}_{ij}^t \geqslant \dfrac{(P_{ij}^t)^2 + (Q_{ij}^t)^2}{\tilde{U}_j^t}
\end{cases} \tag{5-16}
$$

式中，$P_{j,d}^t$ 为 t 时段的节点 j 的负荷有功需求；$P_{j,t}^{\mathrm{ch}}$、$P_{j,t}^{\mathrm{dis}}$ 分别为 t 时段节点 j 上连接的储能充、放电功率；$P_{j,t}^{\mathrm{PV}}$ 为 t 时段节点 j 上连接的光伏有功功率；$Q_{j,d}^t$ 为 t 时段节点 j 的负荷无功需求；$Q_{j,t}^{\mathrm{SVC}}$ 为 t 时段节点 j 上连接的 SVC 补偿功率；$Q_{j,t}^{\mathrm{PV}}$ 为 t 时段节点 j 上连接的光伏无功功率。

（2）配电网运行安全约束：

$$
\begin{cases}
U_i^{\min} \leqslant U_i^t \leqslant U_i^{\max} \\[2mm]
I_{ij}^t \leqslant I_{ij}^{\max}
\end{cases} \tag{5-17}
$$

式中，$U_i^{\max}$、$U_i^{\min}$ 分别为节点 i 电压幅值上下限；$I_{ij}^{\max}$ 为支路 ij 电流幅值上限。

（3）配变关口功率约束：

$$
\begin{cases}
P_0^{\min} \leqslant P_0^t \leqslant P_0^{\max} \\[2mm]
Q_0^{\min} \leqslant Q_0^t \leqslant Q_0^{\max}
\end{cases} \tag{5-18}
$$

式中，P_0^t 为 t 时段根节点从上级输电网进入本级配电网的有功功率；$P_0^{\max}$、$P_0^{\min}$ 分别为有功功率交换上下界；根节点处无功功率交换约束的定义同有功功率。

该约束是将配变关口功率控制在一定范围内，目的是避免有源配电网的功率变动对于输电网产生不利影响。

（4）储能 ES 约束：

$$
\begin{cases}
E_{i,t}^{\mathrm{bat}} + P_{i,t}^{\mathrm{ch}}\eta_{\mathrm{ch}}\Delta T - \dfrac{P_{i,t}^{\mathrm{dis}}}{\eta_{\mathrm{dis}}}\Delta T = E_{i,t+1}^{\mathrm{bat}}, \quad t = 1,2,\cdots,T-1 \\[4mm]
E_{i,T}^{\mathrm{bat}} + P_{i,T}^{\mathrm{ch}}\eta_{\mathrm{ch}}\Delta T - \dfrac{P_{i,T}^{\mathrm{dis}}}{\eta_{\mathrm{dis}}}\Delta T = E_{i,1}^{\mathrm{bat}}
\end{cases} \tag{5-19}
$$

$$\begin{cases} 0 \leqslant P_{i,\mathrm{ch}}^{t} \leqslant P_{i,\mathrm{ch}}^{\max} D_{i,\mathrm{ch}}^{t} \\ 0 \leqslant P_{i,\mathrm{dis}}^{t} \leqslant P_{i,\mathrm{dis}}^{\max} D_{i,\mathrm{dis}}^{t} \\ D_{i,\mathrm{ch}}^{t} + D_{i,\mathrm{dis}}^{t} \leqslant 1 \end{cases} \tag{5-20}$$

$$E_{i,\mathrm{bat}}^{\max} \times 20\% \leqslant E_{i,t}^{\mathrm{bat}} \leqslant E_{i,\mathrm{bat}}^{\max} \times 90\% \tag{5-21}$$

式（5-19）表示储能装置的容量约束，$E_{i,t}^{\mathrm{bat}}$ 为 t 时段节点 i 上连接的储能电量；η_{ch}、η_{dis} 分别为 ES 的充放电效率。为了保证储能在新的调度周期内具备相同的调节特性，将储能的本周期初始容量 $E_{i,1}^{\mathrm{bat}}$ 和下一个周期的初始容量 $E_{i,t+1}^{\mathrm{bat}}$ 设定相同。

式（5-20）中，$P_{i,\mathrm{ch}}^{\max}$、$P_{i,\mathrm{dis}}^{\max}$ 分别为节点 i 上连接的 ES 的充放电功率上限。考虑到实际运行过程中，在任何一个时刻储能充放电不能同时进行，因此引入 0-1 变量 $D_{i,\mathrm{ch}}^{t}$ 和 $D_{i,\mathrm{dis}}^{t}$，并约束两变量的和小于等于 1，即表示在任一时刻，ES 只能处于充电、放电、不充不放三种状态，而不会产生既充电同时又放电的情况。

式（5-21）中，$E_{i,\mathrm{bat}}^{\max}$ 为节点 i 上连接的 ES 容量限值。为了正常使用储能系统，保证其工作效率和延长其使用寿命，需要对电量进行限制，本章将其实际使用范围设定为 20%～90%。同时为了保证在调度开始时 ES 就能够充放电，通常将 ES 的初始电量设置为容量限制的 50%～60%。

（5）静止无功补偿装置 SVC 约束：

$$Q_{i,\mathrm{SVC}}^{\min} \leqslant Q_{i,\mathrm{SVC}}^{t} \leqslant Q_{i,\mathrm{SVC}}^{\max} \tag{5-22}$$

式中，$Q_{i,\mathrm{SVC}}^{\max}$、$Q_{i,\mathrm{SVC}}^{\min}$ 分别为 SVC 可调节无功功率的上限值和下限值。

在配电网实际运行中，由于线路上的充电功率比较小，一般不会产生无功过剩现象，所以很少出现过电压问题。传统无功功率补偿目的在于提高配电网的电压水平和降低网络损耗，然而有源配电网中，由于风电、光伏等可再生能源发电以及可控 DG 接入中低压配电网且其渗透率逐渐提高，在负荷需求较低时段容易产生潮流反向，进而出现配电网节点过电压现象。因此需要适当调整传统的纯容性无功补偿方式并且相应地在配电网中配置感性无功补偿设备。

（6）光伏运行约束：

$$\begin{cases} P_{j,t}^{\mathrm{PV}} = P_{j,t,\mathrm{pre}}^{\mathrm{PV}} \\ 0 \leqslant Q_{j,t}^{\mathrm{PV}} \leqslant Q_{j,t,\mathrm{pre}}^{\mathrm{PV}} \\ Q_{j,t,\mathrm{pre}}^{\mathrm{PV}} = P_{j,t,\mathrm{pre}}^{\mathrm{PV}} \tan \varphi_{\mathrm{PV}} \end{cases} \tag{5-23}$$

式中，$P_{j,t,\mathrm{pre}}^{\mathrm{PV}}$ 为连接在 j 节点上的光伏在 t 时段有功出力的预测值；$Q_{j,t,\mathrm{pre}}^{\mathrm{PV}}$ 为相应光伏的无功出力预测值；φ_{PV} 为光伏的功率因数角。

接有分布式光伏的节点在运行时作为 PQ 节点，本章设定光伏在 MPPT 模式下运行。由于光伏通过逆变器并网，由前面光伏特性的分析可知，光伏系统具有一定的无功输出能力,在定功率因数控制下,将光伏无功功率输出范围设定在区间 $[0, Q_{j,t,\text{pre}}^{\text{PV}}]$ 内。

上述配电网调度模型在不考虑分布式电源、储能等变量时是一个 SOCP 问题,在加入了整数变量以后,变成了混合整数二阶锥规划问题(Mixed Integer Second-order Cone Programing,MISOCP)。由于将潮流方程这一非凸约束进行了凸化,也可以利用成熟算法包中的分支定界(branch and bound)法和割平面方法保证解的计算效率和最优性。

5.3   算 例 分 析

为了验证本章所提有源配电网调度模型的准确性,在 MATLAB R2014a 环境下利用 Mosek 等算法包开发上述配电网优化调度模型,系统配置为 Intel Xeon E3-1230 CPU3.3GHz,8GB 内存,并在 IEEE33 节点标准系统的基础上修改后进行算例分析。该配电系统为辐射状,运行电压等级为 12.66kV,总的有功负荷为 3635kW,总的无功负荷为 2265kvar。对于 IEEE33 节点配电系统所做的修改主要体现在网络拓扑结构和负荷数据方面。首先,在原有网络结构的基础上,添加了分布式光伏、储能、无功补偿装置,具体为:节点 22、25 接入 SVC,容量分别为–120~250kvar 和–100~240kvar;节点 17、33 接入储能装置,储能的充放电功率上限分别为 60kW、80kW,充放电效率均设为 93.81%;节点 18、31 接入了 PV,装机容量和功率因数均为 200kW 和 0.95。具体结构如图 5-3 所示。

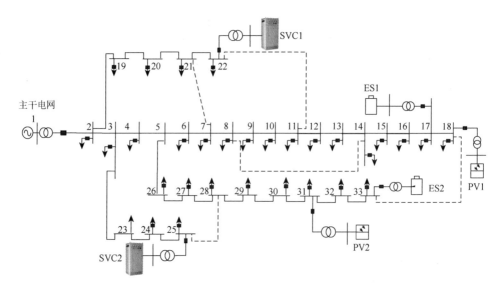

图 5-3   修改后的 IEEE33 节点配电系统

　　由于 IEEE33 节点只有某一时刻的负荷数据,因此本章根据日负荷曲线,对负荷数据进行扩充,即将原标准算例中的负荷作为负荷曲线上某一时刻的值,其他时刻的值按比例相应算出。对于日前 24 小时的负荷曲线和光伏数据,如图 5-4 所示,原标准算例对应于 15:00 时的负荷数据。

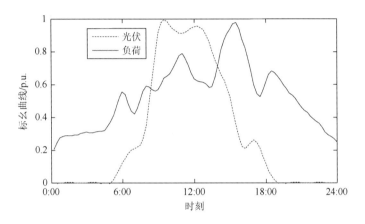

图 5-4　负荷和光伏曲线

　　一般而言,调度的时间间隔为一个小时,但为了和后面电力市场环境下的配电网优化调度算例一致(由于 DLC 的控制时间不能过长,本章结合实际情况,将 DLC 最小单位控制时段设为 15min,从 DLC 用户的接受角度来看,关停 15min 并不会使用户舒适度感到明显的降低),并且便于对比,本章采用三次样条插值的方法将日前 24 时刻的负荷数据扩充为 96 个数据点,即 $\Delta T = 15\text{min}$。鉴于配电网覆盖面积不大,为了使结果便于分析,假设两个光伏的数据相同。

　　图 5-5 和图 5-6 分别为储能的充放电功率以及储能电量的变化,在负荷较轻的时段,节点电压会比较高,支路节点间电压差比较小,因此网损也较小,此时储能会从上一级电网适当吸收部分能量,这部分能量会在负荷较重时段释放,从而降低整个调度周期内的网络损耗。

　　从两幅图中可以看出,两个储能充放电以及电量变化趋势基本一致,储能的充放电不仅与负荷的大小有关,也与光伏的出力相关,光伏出力增加时,储能储存的电量也相应增加。储能的应用可以有效消纳光伏,也能起到削峰填谷,平滑负荷波动的作用。

　　图 5-7 为接入配电网的两台 SVC 的出力曲线图。由于本章中接入的光伏容量并不是很大,并网节点处的过电压现象不是很明显,所以本章算例中 SVC 的优化

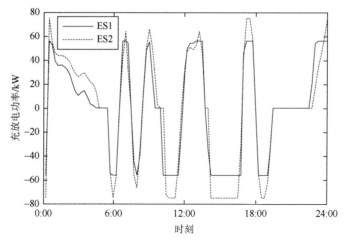

图 5-5 储能充放电功率曲线

>0 充电，<0 放电

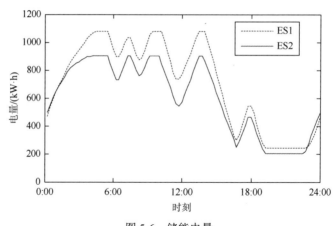

图 5-6 储能电量

策略主要为容性补偿。从图中可以看出，SVC 的出力与负荷的大小相关，在负荷较大时，SVC 出力也大，但受到补偿容量所限，基本上在白天时间里，SVC 处于满额运行状态。对于光伏，由于其无功出力的范围比较小，因此从调度开始光伏的无功出力就达到容性上限，即 65.8kvar。

图 5-8 为优化调度前后根节点处的有功交换功率，从图中可以看出，本章的优化方法可以通过对 PV、储能、SVC 的优化调度，明显减少配电系统对于上级电网的能量需求，提高对于可再生能源的利用率。

从图 5-9 中能够看出，优化前后有功网损的降低效果显著，尤其是在重负荷时段。在凌晨时段，由于负荷很轻，此时馈线末端电压并未大幅偏离根节点电压，有功和无功设备并没有大量投入运行，因此降损效果不是很明显。

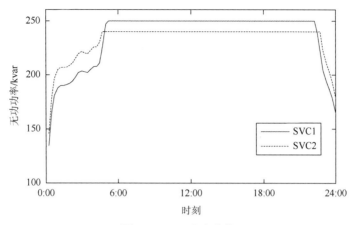

图 5-7　SVC 出力曲线

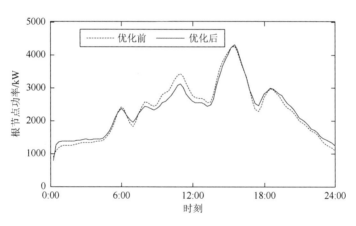

图 5-8　根节点功率

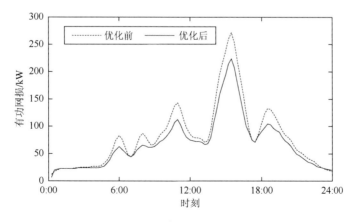

图 5-9　有功网络损耗

为了验证本章所提模型及其求解方法的准确性，分别采用 Mosek、Cplex、Gurobi 三种算法包对提出的 MISOCP 有源配电网优化调度方法进行求解，求解的结果如表 5-2 所示。

表 5-2　不同算法包求解对比

算法包	求解时间/s	目标函数值/kW
Mosek	1.72	6556
Cplex	1.75	6556
Gurobi	1.84	6556

从表中可以看出，三种算法包的求解结果是一致的，区别在于三者的求解时间不同，但求解时间都很短，从而有效验证了本章所提模型求得的最优解的准确性、稳定性以及求解的高效性。

本章首先介绍了二阶锥优化的相关理论；其次采用 Baran 模型表示配电网支路潮流，并建立了配电网 OPF 模型，在该模型中引入电流和电压幅值二次项，然后对 OPF 模型进行凸松弛处理，从而将配电网 OPF 转化为 SOCP 问题，通过与牛顿-拉弗森法潮流计算结果的对比验证了解的保真性；最后在配电网 OPF 模型的基础上，将储能、SVC 以及光伏作为调度对象，建立了以调度周期内配电网有功网损最小为目标的优化调度模型，并进行了算例的验证分析。

第6章 市场环境下的电力公司优化调度

在第 5 章中以配电网的有功网络损耗最小作为优化目标,以储能的充放电、光伏和 SVC 的无功出力作为优化变量,建立了配电网优化调度模型,该模型是目前较为普遍也是适用于我国配电网现状的优化调度模型。本章在第 5 章的基础上作进一步扩展,在电力市场环境下从电力公司运营的角度对配电网的优化调度进行研究,并将可控分布式电源、可调负荷纳入配电网的优化调度中建立新的模型。首先对电力市场的相关背景知识进行简单介绍。

6.1 电 力 市 场

电力市场是电能买卖双方的集合,通过市场的作用使双方完成电能交易。电力市场能够创造一种具有竞争的环境,打破垄断,提高全行业的效益,一个成熟的电力市场体系能够体现市场经济的基本内涵。

6.1.1 电力市场成员及类型

模式电力市场的成员包括电能买卖双方以及市场的运行、管理机构。由于各国电力市场开放程度、运营方式以及供用电情况有所差异,电力市场中的成员也不完全相同,一般而言,电力市场中至少包含买电方和卖电方。此外,有些成员也可以既是卖方又是买方,但是在市场中必须包含运营、管理机构。下面对各组成成员分类进行介绍。

(1)发电公司。发电公司负责整个电力系统电能的生产,拥有发电设备和配套设施。发电公司将电能卖予电力批发市场,配电公司或者售电公司(电力经销商)再由批发市场买电转而卖给用户。有些大用户也能够直接向发电公司购买电能。

(2)输电公司。输电公司拥有高压输电网络,对电能进行传输,同时负责输电网络的维护。它向市场内的所有交易方平等地开放输电网络,并从中获取输电网使用费。

(3)配电公司。配电公司主要负责所辖配电网的安全、稳定运营,将电能直接送到当地用户并提供相应的配电服务,同时它也可以为配电区域外的负荷用户提供转运服务。

（4）电力交易中心（Power Exchange，PX）。PX 的主要职责是给市场中的买卖双方提供一个电能交易的场所，也可以作为一个交易竞价中心，执行市场结算以及确定市场清算价格。交易期限可以为 1 小时、几天、几个月甚至几年，最常用的是日前电能交易。

（5）独立系统操作员（Independent System Operator，ISO）。ISO 对电力系统进行操作（运行方式制定、系统监控、适时调度、市场管理、在线安全分析等），维持系统的瞬时供需平衡。它不涉及电能交易方面的利益，向所用系统用户提供服务。

（6）零售商。零售商将购买自电力批发市场上的电能卖给用户，它不需要拥有发电或网络设备。此外，零售商可以通过电网设备与不同的配电网络相连，可在多个配电区域内向其辖区内用户供电。

（7）用户。终端用户不参与市场活动，直接从配电公司/零售商处购买电能，而大用户可以直接从发电公司处购买电能，也可以通过参与市场结算的方式从市场购电。

电力市场可分为垄断型和竞争型两种，竞争型的电力市场可分为发电侧、批发侧、零售等三种类型电力市场，其中，发电侧竞争型是最初级的模式，仅在发电侧展开竞争，电网是唯一买方；批发侧竞争型是对发电环节展开竞争，开放输电网，并且存在多个购买者的市场模式，发电商、配电商与大用户间进行自由交易，但配电公司对其辖区用户的供电权进行垄断；零售竞争型模式下，所有用户均具有选择权，发电和售电环节都展开竞争，发、输、配、售电领域完全独立，输、配电网络向用户开放，零售竞争型是电力市场发展的最终形式。表 6-1 为相应类型电力市场的特点。图 6-1 为竞争型电力市场运行模式，显示了各种竞争型电力市场的电能交易模式。

表 6-1 竞争型电力市场特点

特点	发电侧竞争型	批发侧竞争型	零售竞争型
发电领域是否存在竞争	√	√	√
配电公司是否拥有选择权	×	√	√
终端用户是否拥有选择权	×	×	√

6.1.2 国外典型电力市场

各国电力行业发展之初都是垄断型行业，为了打破垄断，引入竞争，促进效率的提高，目前许多国家进行了电力体制改革，建立了电力市场，比较典型的有美国、英国、北欧等国家和地区的电力市场。

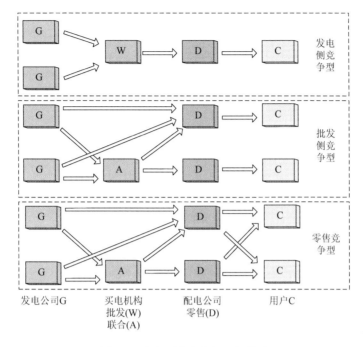

图 6-1　竞争型电力市场运行模式

1. 美国电力市场

美国的电力市场化改革始于 1992 年的《能源法案》颁布，以电网的开放为标志。在美国的电力行业中，发、输、配、用四个领域是完全分开的，在相应领域里形成了发电公司、输电公司、配电公司以及售电公司等多种类型的电力公司。美国国内目前含有四大电力市场：加利福尼亚州、PJM、纽约以及新英格兰电力市场。表 6-2 列举了四大电力市场的基本信息。

表 6-2　美国四大电力市场基本情况表

项目	PJM	新英格兰电力市场	纽约	加利福尼亚州
投运时间	1999 年	1999 年 5 月 1 日	1999 年 11 月	1998 年 3 月 1 日
覆盖范围	宾夕法尼亚州，新泽西州，马萨诸塞州，弗吉尼亚州，特拉华州，华盛顿州特区（五个州和一个特区）	缅因州、佛蒙特州、马萨诸塞州、罗得岛州、新罕布什尔州、康涅狄格州等六个州	纽约州	加利福尼亚州
批发市场	批发	批发	批发	批发
实时市场	10min 实时	5min 实时	10min，占 5%	10min，>40%次时市场

续表

项目	PJM	新英格兰电力市场	纽约	加利福尼亚州
辅助服务	日容量信用市场,调节市场,固定输电权市场	AGC,10min 旋备,10min 备用,30min 备用,运行容量,装机容量	10min 旋备,10min 备用,30min 备用,运行容量,装机容量	AGC,10min 旋备,10min 备用,60min 替代备用
次日市场	24 时段	24 时段	24 时段,占 40%~50%	24 时段,由 PX 运行
期货/合同	长期容量信用市场	合同	合同占 50%	原不允许
电价方式	节点边际电价 LMP	目前为统一电价,将改为 LMP	节点边际电价 LMP	节点边际电价 LMP
结算方式	实时与次日分开两步结算	目前以实时价为准 1 步结算;将改为 2 步结算		以实时价为准,1 步结算(ISO)
零售市场	仅宾夕法尼亚州	全部	全部	全部,但对 PG&E,SCE 冻结零售电价,仅 SDG&E 开放
ISO 与 PX	ISO 与 PX 合一	ISO 与 PX 合一	ISO 与 PX 合一	ISO 与 PX 分立,2000-1-30 PX 关闭

2. 英国电力市场

英国的电力市场建设始于 1990 年,政府将之前垄断经营的原中央发电局撤销,代以 3 个发电公司、1 个国家电网公司以及 12 个地区售电公司的模式运行。电力的交易分成三个时期:第一个时期以电力库(POOL)集中交易模式为主要特点,将输电与发、配、售电分开;第二个时期开始于 2001 年 3 月,标志是新电力交易协议(New Electricity Trading Arrangements,NETA)的实施,并以发电公司和用户可签订双边合同(双边交易模式)为主要特点,将售、配电分开;第三个时期开始于 2005 年,标志是英国电力贸易和传输协议(British Electricity Trading and Transmission Arrange,BETTA),并在全国(英格兰、苏格兰、威尔士、北爱尔兰)范围内推行,该时期同样以双边交易模式为主。

3. 北欧电力市场

北欧电力市场是由瑞典和挪威两国在 1993 年发起并建立的,随后芬兰和丹麦也加入该市场。四个国家的电力构成具有很大不同,如挪威的发电机组多是水电,丹麦则大多是火电,彼此间具有较大的互补性。北欧电力市场的交易可划分为期货(长期)、现货(日前)、实时三个交易模式,其中期货交易可以双边进行也可以在交易所内进行,而现货则须在交易所内进行,跨国交易所负责四个国家的电力交易。北欧电力市场没有进行厂网分开,因此发电设备、网络甚至用户可以属于同一家电力公司,而售电侧是放开的,因此用户能够在众多电力公司间自由选择。

6.2　基于二阶锥优化的电力公司优化调度模型

本章中的电力公司指的是向用户卖电的配电公司或者是零售商（售电公司）。在电力市场环境下，电力公司的运营与外部市场（主要为电价）紧密相关，此外，配电网内部的负荷需求、分布式电源、可调负荷也会对电力公司的运营带来极大影响，如图 6-2 所示。在电价高峰时段，电力公司可以选择启动分布式电源以及实施可调负荷措施来减少从市场中的购电，从而降低运行成本，因此对于电力公司而言，对其进行优化调度具有重大意义。本章中的电力公司优化调度是指电力公司根据日前市场电价、负荷、光伏出力的预测，对所辖的配电网内的可控分布式电源、储能、受电力公司控制的 DLC（Direct Load Control）负荷以及与电力公司签订可中断负荷合同的 IL 负荷进行优化调度，确定次日可控分布式电源的出力、储能的充放电、从日前电力市场的购电量以及负荷调节量，因此属于日前优化调度。

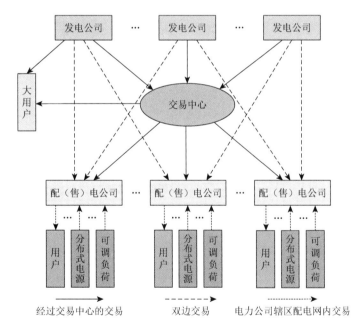

图 6-2　电力公司参与电力市场结构图

6.2.1　目标函数

在电力市场环境下，电力公司的运营成本主要由市场购电成本、DG 运行成本、实施 DLC 和 IL 项目成本组成，本章的优化目标设为电力公司的日前运行成本最低：

$$f = \Delta T \sum_{t=1}^{T} \left(\rho_t P_{g,t} + \sum_{i=1}^{M} (b_i P_{i,t}^{DG} + c_i) + \sum_{j=1}^{N} \rho_{j,t}^{IL} P_{j,t}^{IL} + \sum_{k=1}^{K} \rho_{k,t}^{DLC} P_{k,t}^{DLC} \right) \qquad (6\text{-}1)$$

式中，f 为配电网运行的总成本；ΔT 为时间间隔；T 为调度周期；ρ_t 为 t 时段从电力市场的购电电价；$P_{g,t}$ 为 t 时段从电力市场的购电量；M 为配电网内接入的可控分布式电源数量，本章假设所有的分布式电源由电力公司所有，因此它们可由电力公司进行调度；b_i、c_i 分别为第 i 台 DG 的出力成本系数；$P_{i,t}^{DG}$ 为第 i 台 DG 在 t 时段发出的功率；N 为 IL 用户的数量；$\rho_{j,t}^{IL}$ 为 t 时段对于 IL 用户 j 中断负荷的补偿；$P_{j,t}^{IL}$ 为 IL 用户 j 在 t 时段负荷的中断量；K 为配电网内 DLC 用户的数量；$\rho_{k,t}^{DLC}$ 为 t 时段 DLC 用户 k 负荷被控制获得的补偿；$P_{k,t}^{DLC}$ 为 DLC 用户 k 在 t 时段受控负荷量。

此外，由于光伏发电为可再生能源，且假设为电力公司所有，此处忽略其出力成本。

6.2.2 约束条件

1. 潮流约束

$$\begin{cases} \sum_{i \in u(j)} \left(P_{ij}^t - r_{ij} \tilde{I}_{ij}^t \right) = \sum_{k \in v(j)} P_{jk}^t + P_j^t \\ \sum_{i \in u(j)} \left(Q_{ij}^t - x_{ij} \tilde{I}_{ij}^t \right) = \sum_{k \in v(j)} Q_{jk}^t + Q_j^t \\ P_j^t = P_{j,d}^t + P_{j,t}^{ch} - P_{j,t}^{dis} - P_{j,t}^{DG} - P_{j,t}^{IL} - P_{j,t}^{DLC} + P_{j,t}^{reb} \\ Q_j^t = Q_{j,d}^t - Q_{j,t}^{SVC} - Q_{j,t}^{DG} - Q_{j,t}^{PV} - Q_{j,t}^{IL} \\ \tilde{U}_j^t = \tilde{U}_i^t - 2(r_{ij} P_{ij}^t + x_{ij} Q_{ij}^t) + \left((r_{ij})^2 + (x_{ij})^2 \right) \tilde{I}_{ij}^t \\ \tilde{I}_{ij}^t \geqslant \dfrac{(P_{ij}^t)^2 + (Q_{ij}^t)^2}{\tilde{U}_j^t} \end{cases} \qquad (6\text{-}2)$$

式中，$P_{j,t}^{DG}$ 为 t 时段节点 j 上连接的分布式电源发出的有功；$P_{j,t}^{IL}$ 为 t 时段节点 j 上中断的有功负荷量；$P_{j,t}^{DLC}$ 为 t 时段节点 j 上连接的 DLC 被控制的负荷量；$P_{j,t}^{reb}$ 为 t 时段节点 j 上的反弹负荷；$Q_{j,t}^{DG}$ 为 t 时段节点 j 上连接的 DG 发出的无功功率；$Q_{j,t}^{IL}$ 为 t 时段节点 j 上中断的无功负荷量。

2. 可控 DG 运行约束

（1）DG 出力上下限约束：

$$\begin{cases} P_i^{\min} C_{i,t} \leqslant P_{i,t}^{\mathrm{DG}} \leqslant P_i^{\max} C_{i,t} \\ Q_i^{\min} C_{i,t} \leqslant Q_{i,t}^{\mathrm{DG}} \leqslant Q_i^{\max} C_{i,t} \end{cases} \tag{6-3}$$

式中，$C_{i,t}$ 为第 i 台 DG 在 t 时段的状态，为 0-1 变量；$P_i^{\max}$、$P_i^{\min}$ 分别为第 i 台 DG 输出功率上下限；DG 无功功率约束类同。

（2）DG 爬坡速度约束：

$$\begin{cases} P_{i,t+1}^{\mathrm{DG}} - P_{i,t}^{\mathrm{DG}} \leqslant R_{\mathrm{up},i} \\ P_{i,t}^{\mathrm{DG}} - P_{i,t+1}^{\mathrm{DG}} \leqslant R_{\mathrm{down},i} \end{cases} \tag{6-4}$$

式中，$P_{i,t+1}^{\mathrm{DG}}$ 为第 i 台 DG 在 $t+1$ 时段发出的有功；$R_{\mathrm{up},i}$ 为第 i 台 DG 的向上爬坡速率限制；$R_{\mathrm{down},i}$ 为第 i 台 DG 的向下爬坡速率限制。

（3）启停时间约束：

$$\begin{cases} C_{i,m} \geqslant C_{i,t} - C_{i,t-1}, & m = t,\cdots,\min\{T, t + M_{i,\mathrm{on}}^{\min} - 1\} \\ C_{i,n} \leqslant 1 - (C_{i,t} - C_{i,t-1}), & n = t,\cdots,\min\{T, t + M_{i,\mathrm{off}}^{\min} - 1\} \end{cases} \tag{6-5}$$

式中，$M_{i,\mathrm{on}}^{\min}$ $M_{i,\mathrm{off}}^{\min}$ 分别为第 i 台 DG 的开机后最小运行时间和停机后最小停运时间。

接入配电网的 DG 容量较小，操作灵活性较高，具有能够短期启、停机的特点，一般不需要考虑启停时间约束，但为了模型的通用性，即使得模型适用于小时间尺度间隔的调度，本章将该约束考虑进模型中。

3. 可中断负荷约束

$$\begin{cases} P_{j,t}^{\mathrm{IL}} \leqslant P_{j,\max}^{\mathrm{IL}} \\ Q_{j,t}^{\mathrm{IL}} = \tan(\varphi_{\mathrm{IL}}) \cdot P_{j,t}^{\mathrm{IL}} \end{cases} \tag{6-6}$$

式中，$P_{j,\max}^{\mathrm{IL}}$ 为第 j 个 IL 中断负荷的上限值；φ_{IL} 为 IL 的功率因数角。

4. DLC 运行约束

（1）负荷控制时间约束：

$$\begin{cases} \sum_t^{T_0} X_{k,t} \leqslant T_{k,\mathrm{on}}^{\max} \\ T_0 = \min\{T, t + T_{k,\mathrm{on}}^{\max}\} \\ X_{k,l} \leqslant 1 - (X_{k,t-1} - X_{k,t}) \\ l = t,\cdots,\min\{T, t + T_{k,\mathrm{off}}^{\min} - 1\} \end{cases} \tag{6-7}$$

式中，$X_{k,t}$ 为 t 时段第 k 个 DLC 负荷是否被控制的 0-1 状态变量，1 表示被控制，0 表示没有被控制；$T_{k,\mathrm{on}}^{\max}$ 为第 k 个 DLC 的最大连续受控时间；$T_{k,\mathrm{off}}^{\min}$ 为第 k 个 DLC 最小连续不受控时间。

　　对于受控负荷，为了保证用户的满意度和舒适度，不能对其长时间进行控制，也不能在结束控制后的短时间内再次对其进行控制，因此必须对其施加最长连续受控时间和最小连续不受控时间约束。

　　（2）负荷控制容量约束：

$$0 \leqslant P_{k,\mathrm{DLC}}^{t} \leqslant X_{k,t} P_{k,\mathrm{DLC}}^{\max} \tag{6-8}$$

式中，$P_{k,\mathrm{DLC}}^{\max}$ 为第 k 个 DLC 的控制容量上限，该容量上限由电力公司和 DLC 用户结合实际并通过签订合同确定。

　　（3）受控时段约束：

$$\begin{cases} P_{k,\mathrm{DLC}}^{t} \geqslant 0, & t \in S \\ P_{k,\mathrm{DLC}}^{t} = 0, & t \notin S \end{cases} \tag{6-9}$$

式中，S 为可以采取 DLC 措施的时段。

　　由前面直接负荷控制特性可知，直接负荷控制是在系统高峰时期所采取的措施，因此需加一个受控时段约束，在该时段内才可以采取直接负荷控制。

　　（4）反弹负荷约束：

$$P_{k,t}^{\mathrm{reb}} = \alpha P_{k,t-1}^{\mathrm{DLC}} + \beta P_{k,t-2}^{\mathrm{DLC}} + \gamma P_{k,t-3}^{\mathrm{DLC}} \tag{6-10}$$

式中，$P_{k,t-1}^{\mathrm{DLC}}$、$P_{k,t-2}^{\mathrm{DLC}}$、$P_{k,t-3}^{\mathrm{DLC}}$ 分别为第 k 个 DLC 用户在 t–1、t–2、t–3 时段的受控负荷；α、β、γ 分别为对应时段的系数。

　　此外，该模型同样需要将 6.2.1 节调度模型中的配电网运行安全约束、配电网关口功率约束、ES 运行约束、静止无功补偿装置 SVC 约束、光伏运行约束考虑在内，因此，最终的电力公司优化调度模型由式（5-17）～式（5-23）和式（6-1）～式（6-10）组成。

6.3　算　例　分　析

　　本节的算例仍然采用 IEEE 33 节点系统对提出的模型进行验证。在图 5-3 的基础上，在节点 24、25 分别添加了 DLC 和 IL，在节点 7 和节点 21 添加了两个 DG，如图 6-3 所示。其中，DLC 的控制容量上限为 80kW，最大连续控制时间和最小连续不受控时间设定为 6 和 3 个时间段，即 90min 和 45min；反弹负荷的系数 α、β、γ 设定为 0.6，0.2，0.1；可中断负荷的中断容量上限为 150kW；两台 DG 的最大出力分别为 200kW、150kW。其他数据（负荷、光伏、储能）和前面算例中一致。

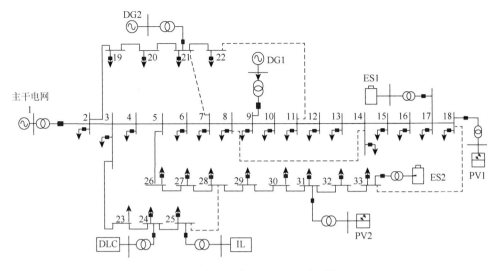

图 6-3　修改后的 IEEE 33 配电系统

本章采用实时电价的方式衡量电力公司的购电成本，基于历史数据，电力公司可以得到配电系统负荷和市场电价的关系，例如，负荷较大时段对应于高电价时段，负荷较小时段对应于低电价时段。本章假设日前电力公司预测的实时电价和负荷服从以下公式：

$$\rho_t = aL_t + b \qquad (6\text{-}11)$$

式中，L_t 为日前电力公司预测的 t 时段总的负荷需求；a 和 b 为实时电价和负荷的关系系数。

图 6-4 为优化后的可控分布式电源有功出力值。从图中可以看出，分布式电源运行在负荷曲线的高峰时段，此时市场电价较高，高于分布式电源的运行成本，因此电力公司应选择在这些时段开启分布式电源来减少从市场的购电，从而降低运行成本；在负荷低谷时段，电价较低，此时电力公司倾向于关停分布式电源而多从市场购电。对于分布式电源的无功出力，分布式电源的容量较小，因此分布式电源的无功出力从开机时，即处于满发状态。

图 6-5 为储能的充放电功率和电量变化曲线，其变化趋势和图 5-5、图 5-6 所示趋势基本一致，都是在负荷低谷时段（电价较低）充电储存电量，在负荷高峰时段（电价较高）放电释放电量。两个算例中储能变化的不同是由于可控分布式电源和可调负荷的加入，从而也证明了电力公司可以对储能、可控分布式电源、可调负荷进行协同优化调度来降低运行成本。

图 6-6 为优化前后的购电量变化曲线，此时的购电量即配电网根节点功率，可以明显看出，在考虑了储能、分布式电源、可调负荷后，电力公司的购电曲线

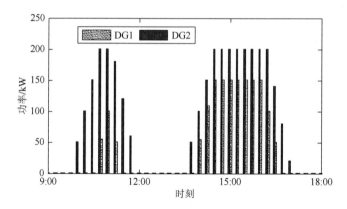

图 6-4　可控分布式电源有功出力值

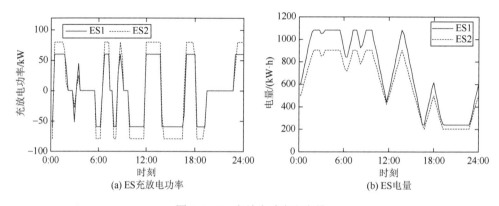

(a) ES充放电功率　　　　　　　　　　(b) ES电量

图 6-5　ES 充放电功率和电量

发生了较大变化，尤其是在负荷高峰时段，电力公司从日前市场的购电量显著降低，从而有效降低了电力公司的运行成本。

图 6-7 为接在节点 24 上的 DLC 变化曲线。从图中可以看出，在负荷高峰时段，电力公司为降低成本，对 DLC 进行了控制，此时节点 24 上的负荷降低，但随后由于反弹负荷的出现，在被控时段后的一段时间内，该节点上的负荷曲线形成了另一个高峰，但总体上而言电力公司的成本会有所降低。

对于 IL，优化调度的结果为：IL 在 14：30～16：00 间中断，此时电价太高，在有 IL 用户投标时，电力公司会选择中断这部分负荷来降低成本，而 IL 用户也从中获得一定补偿，实现"双赢"。

电力公司优化前的运行成本，即从日前电力市场的总购电成本为 2418 美元，在考虑了可调负荷以及分布式电源以后，总的运行成本降低为 2283 美元。降低成本的大小与配电网中接入的分布式电源和可调负荷的数目、容量相关，当配电网中分布式电源和可调负荷资源数量增多时，电力公司的运行成本也会进一步减小。

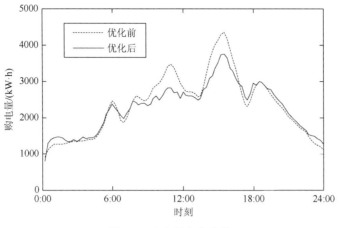

图 6-6　购电量变化曲线

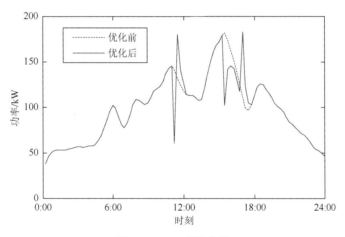

图 6-7　DLC 变化曲线

同样，为了验证所提模型及其求解方法的准确性，分别采用 Mosek、Cplex、Gurobi 三种算法包对提出的 MISOCP 电力公司优化调度方法进行求解，求解的结果如表 6-3 所示。三个算法包求解的目标函数值依然是一致的，而求解的时间则由于模型变量的增加相应变长。

表 6-3　不同算法包求解对比

算法包	求解时间/s	目标函数值/美元
Mosek	2.52	2283
Cplex	3.59	2283
Gurobi	2.34	2283

本章首先对电力市场的相关概念进行了阐述，介绍了电力市场成员、类型以及国外典型电力市场；其次分析了电力公司在市场环境下的运行成本，提出可调负荷和分布式电源的应用可以降低电力公司的运行成本，并在前面配电网优化调度模型的基础上建立了含可调负荷和分布式电源的电力公司日前优化调度模型；最后通过算例对提出的调度模型进行验证，算例结果表明，通过对可调负荷以及可控分布式电源的优化调度，可以降低电力公司的运行成本。

第 7 章　配电网基于差异化用电成本的主动运营辅助决策软件

本章在前面理论研究基础上，利用 MATLAB 软件的图形用户界面（Graphic User Interface，GUI）设计程序进行配电网最优运营策略的辅助决策软件设计，实现主要功能包括：①运用电网成本效益模型，输入各类型用户之间的比例，寻优获取电网最大利益的电价范围；②运用电网成本效益模型和电价范围寻优模型，寻优最大的电网效益相对应的用户（包括储能）比例；③基于潮流计算，基于最优潮流的可调节负荷控制、基于最优潮流的可中断负荷控制和基于电网效益最大的电价逐点搜索方法，利用逐点电价搜寻方法，实现配电网基于差异化用电成本的实时最优电价辅助决策运营；④面向电力市场运营模式下第三方售电主体最优运营的辅助决策。

所研制软件具有用户接口功能，能通过修改软件中输入窗口的参数，实现计算所需信息输入和参数调整，然后基于主动配电网最优决策方法、粒子群优化算法和 matpower 潮流计算的计算，得到最终的负荷控制效果图和最优运营电价曲线图。该软件不仅功能完整，具有较好的运行可靠性和良好的图形交互界面，而且易于使用。

7.1　算法介绍

7.1.1　粒子群优化算法简介

1. 粒子群优化算法原理

粒子群优化（Particle Swarm Optimization，PSO）算法是由 Kennedy 和 Eberhart 于 1995 年用计算机模拟鸟群觅食这一简单的社会行为受到启发并加以简化而提出的。设想这样一个场景：一群鸟随机的分布在一个区域中，在这个区域里只有一块食物。所有的鸟都不知道食物在哪里，但它们知道当前的位置离食物还有多远，那么找到食物的最优策略是什么呢？最简单有效的方法就是追寻自己视野中目前离食物最近的鸟，把食物当作最优点，而把鸟离食物的距离当作函数的适应度，那么鸟寻觅食物的过程就可以当作一个函数寻优的过程。在粒子群优化算法中，每个优化问题的潜在解都是搜索空间中的一只鸟，将其称为粒子。所有的粒子都有一个由被优化的函数决定的适应值，每个粒子还有一个速度决定它们飞翔的方向和距离，然后粒子们就追随当前的最优粒子在解的空间中搜索。优化开始时先初始化为一群随机粒子（随机解），然后通过迭代找到最优解。在每一次迭代中，粒子通过跟踪两个极值来更新自己：第一个极值就是整个种群目前找到的最优解，这个极值是全局极值；第二个极值是粒子本身所找到的最优解，称为个体极值，这是因为粒子仅仅通过跟踪全局极值或者局部极值来更新位置，不可能总是获得较好的解，这样在优化过程中，粒子在追随全局极值或局部极值的同时追随个体极值则圆满地解决了这个问题，这便是粒子群优化算法的原理。

粒子群优化算法中，每个优化问题的潜在解都称为粒子，所有的粒子都有一个由被优化的函数决定的适应值（Fitness Value），每个粒子还有一个速度决定它们飞翔的方向和距离。然后粒子们就追随当前的最优粒子在解空间中搜索。

粒子群优化算法初始化为一群随机粒子（随机解），然后通过迭代找到最优解。在每一次迭代中，粒子通过跟踪两个极值来更新自己；第一个就是粒子本身所找到的最优解，这个解称为个体极值；另一个极值是整个种群目前找到的最优解，这个极值是全局极值。另外也可以不用整个种群而只是用其中一部分作为粒子的邻居，那么在所有邻居中的极值就是局部极值。

假设在一个 D 维的目标搜索空间中，有 N 个粒子组成一个群落，其中第 i 个粒子表示为一个 D 维的向量：

$$X_i = (x_{i1}, x_{i2}, \cdots, x_{iD}), \quad i = 1, 2, \cdots, N$$

第 i 个粒子的"飞行"速度也是一个 D 维的向量，记为

$$V_i = (v_{i1}, v_{i2}, \cdots, v_{iD}), \quad i = 1, 2, \cdots 3$$

第 i 个粒子迄今为止搜索到的最优位置称为个体极值，记为

$$p_{\text{best}} = (p_{i1}, p_{i2}, \cdots, p_{iD}), \quad i = 1, 2, \cdots, N$$

整个粒子群迄今为止搜索到的最优位置为全局极值，记为

$$g_{\text{best}} = (p_{g1}, p_{g2}, \cdots, p_{gD})$$

在找到这两个最优值时，粒子根据如下的公式来更新自己的速度和位置：

$$v_{id} = wv_{id} + c_1 r_1 (p_{id} - x_{id}) + c_2 r_2 (p_{gd} - x_{id}) \tag{7-1}$$

$$x_{id} = x_{id} + v_{id} \tag{7-2}$$

式中，惯性权重 w 表示在多大程度上保留原来的速度。w 较大，全局收敛能力强，局部收敛能力弱；w 较小，局部收敛能力强，全局收敛能力弱。当 $w=1$ 时，表明

带惯性权重的粒子群优化算法是基本粒子群优化算法的扩展。实验结果表明，w 在 0.8～1.2 范围时，粒子群优化算法有更快的收敛速度，而当 $w > 1.2$ 时，算法则易陷入局部极值。c_1 和 c_2 为学习因子，也称加速常数（Acceleration Constant），r_1 和 r_2 为[0, 1]范围内的均匀随机数。式（7-1）等号右边由三部分组成，第一部分为"惯性（Inertia）"或"动量（Momentum）"部分，反映了粒子的运动"习惯（Habit）"，代表粒子有维持自己先前速度的趋势；第二部分为"认知（Cognition）"部分，反映了粒子对自身历史经验的记忆（Memory）或回忆（Remembrance），代表粒子有向自身历史最佳位置逼近的趋势；第三部分为"社会（Social）"部分，反映了粒子间协同合作与知识共享的群体历史经验，代表粒子有向群体或邻域历史最佳位置逼近的趋势，根据经验，通常 $c_1 = c_2 = 2$。另外，$i = 1, 2, \cdots, D$。v_{id} 是粒子的速度，$v_{id} \in [-v_{\max}, v_{\max}]$，$v_{\max}$ 是常数，由用户设定用来限制粒子的速度。r_1 和 r_2 是介于[0,1]的随机数。

粒子群优化算法具有以下主要优点：①易于描述；②便于实现；③要调整的参数很少；④使用规模相对较少的群体；⑤收敛需要评估函数的次数少；⑥收敛速度快且粒子群优化算法很容易实现，计算代价低。由于其内存和 CPU 速度要求都很低，且它不需要目标函数的梯度信息，只依靠函数值，粒子群优化算法已被证明是解决许多全局优化问题的有效方法。

2. 粒子群优化算法流程

该算法的流程如下：

（1）初始化粒子群，包括群体规模 N，每个粒子的位置 x_i 和速度 V_i；

（2）计算每个粒子的适应度值 $F_{it}(i)$；

（3）对每个粒子，用它的适应度值 $F_{it}(i)$ 和个体极值 $p_{\text{best}}(i)$ 比较，如果 $F_{it}(i) > p_{\text{best}}(i)$，则用 $F_{it}(i)$ 替换掉 $p_{\text{best}}(i)$；

（4）对每个粒子，用它的适应度值 $F_{it}(i)$ 和全局极值 g_{best} 比较，如果 $F_{it}(i) > g_{\text{best}}(i)$ 则用 $F_{it}(i)$ 替 g_{best}；

（5）根据式（7-1）和式（7-2）更新粒子的速度 v_i 和位置 x_i；

（6）如果满足结束条件（误差足够好或到达最大循环次数）退出，否则返回步骤（2）。

7.1.2　第三方售电主体决策模块算法

对于实际问题的模型，往往计算过程是十分复杂的，因此我们需要选择合适的优化算法，于是对多目标优化算法的研究现状和方法间的比较进行深入的调查。多目标优化算法可以大致分成两类，一类是多目标的编程算法，另一类是用来进行多准则评估。分布式能源系统的优化管理应该属于第一类问题，即属于多目标编程计算问题。

　　基因算法已经被广泛应用于科学研究、工程和经济问题，适用于解决非线性、离散和约束条件下的复杂优化问题。基因算法是一个强大的通用随机优化方法，来自于达尔文适者生存的进化论。基因算法在过去几十年经历了迅速的发展，已经被应用于包括建筑和能源在内的很多领域中的多目标优化问题。加拿大的 Wang 将结合了生命周期分析的新型多目标基因算法应用在建筑设计过程。生命周期分析方法用来评估经济和环境标准。Hamdy 还通过三相多目标优化的方法来最小化住宅建筑的环境影响和经济成本。这种优化方法相比传统基因算法更加快速，它是通过选取的初始种群形成准备阶段来减少随机行为。这项研究着重于能源、通风设备热回收系统和建筑围护结构的影响。考虑到系统的可靠性，多目标基因算法优化开始把可靠性作为一个优化目标。

　　本模块选用基因算法在 MATLAB 环境中进行。在优化开始阶段，程序会随机产生一组决策变量组合（离散变量和连续变量），如图 7-1 所示。第一组结果称为优化运行的初始群体。

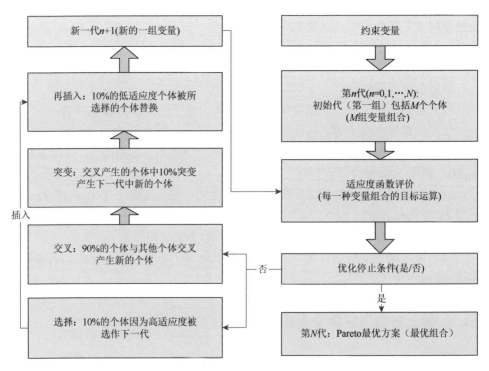

图 7-1　基因算法流程图

当实际的种群完成时每个组合都要进行评估，评估基于目标函数的计算。每个组合的结果包含三个目标值（$f_1 \sim f_3$），这些值会算成一个明确的适应度值。这些适应度被基因算法用于个体或者组合的比较、分类和排名。

适应度计算之后，接下来是检查优化是否可以停止。优化停止的条件可能是运算时间或者是迭代次数，迭代次数使用得比较多。如果不符合停止的条件，则继续迭代。

新一代的产生过程如下：选取最高适应度的 10%的个体（组合）保留下来，然后交叉程序混合 90%的个体的特征来产生后代，通过这样的方法不同的父代的好的部分被结合到一起，因此程序可以提高个体的质量。变异运算改变交叉产生的 10%的个体。一旦新一代产生，会算出适应度并排名。选取的个体替换掉最低适应度的 10%的后代个体。这一步称为再插入过程。新的一代包含选取的保留个体、交叉运算和变异运算以及再插入过程。新的一代再重复这个过程，直到满足优化停止条件停止。这样就得到了就得到了决策变量的最优组合，即 Pareto 解。

7.2　MATLAB-GUI 简介

本程序使用 MATLAB7.11.0 作为开发软件。软件运行时需要 MATLAB 的环境下运行，需要安装软件包里面的 MCRInstaller.exe 文件。

图形用户界面（GUI）是由各种图形对象，如图形窗口、图轴、菜单、按钮、文本框等构建的用户界面，是人机交流信息的工具和方法。GUI 设计可以采用两种方法，一种方法是利用图形用户设计环境界面（Graphics User Interface Design Environment，GUIDE）工具进行设计。这种方法的优点是上手容易；缺点是对于有些复杂功能的实现比较困难。另一种方法是基本代码法，即在 M 文件中用 MATLAB 代码写出所有的图形对象控件所对应的代码（这里的 M 文件可以是函数文件也可以是脚本文件），通过各个参数的控制可以灵活地实现所需要的功能。这种方法的缺点是上手困难；优点是功能强大，可以实现许多复杂的功能，而且调试程序也比较容易。

创建 MATLAB-GUI 必须包括三个基本元素。

（1）组件：在 MATLAB-GUI 中的每一个项目（按钮、标签、编辑框等）都是一个图形化组件。组件可分为三类：图形化控件（按钮、编辑框、列表、滑动条等）、静态元素（窗口和文本字符串）、菜单和坐标系。图形化控件和静态元素由函数 uicontrol 创建，菜单由函数 uimenu 和 uicontextmenu 创建，坐标系经常用于显示图形化数据，由函数 axes 创建。

（2）图像窗口：GUI 的每一个组件都必须安排在图像窗口中。以前，我们在画数据图像时，图像窗口会被自动创建。但我们还可以用函数 figure 来创建空图像窗口，空图像窗口经常用于放置各种类型的组件。

（3）响应：如果用户用鼠标单击或用键盘键入一些信息，那么程序就要有相应的动作。鼠标单击或键入信息是一个事件，如果 MATLAB 程序运行相应的函数，那么 MATLAB 函数肯定会有所反应。例如，如果用户单击一按钮，这个事件必然导致相应的 MATLAB 语句执行。这些相应的语句被称为响应。只要执行 GUI 的单个图形组件，必须有一个响应。

创建一个 MATLAB-GUI 的基本步骤如下。

（1）决定这个 GUI 需要什么样的元素，每个元素需要什么样的函数。在纸上手动粗略地画出组件的布局图。

（2）调用 MATLAB 工具 GUIDE 对图像中的控件进行布局。图像窗口的大小、排列和其中的控件布局都可以利用它进行控制。

（3）我们可以用 MATLAB 属性编辑器（Property Inspector）（内置于 GUIDE）给每一个控件起一个名字（标签），还可以设置每一个控件的其他特性，如颜色、显示的文本等。

（4）把图像保存到一个文件中。当文件被保存后，程序将会产生两个文件，文件名相同而扩展名相同。fig 文件包括用户创建的 GUI，M 文件包含加载这个图像的代码和每个 GUI 元素的主要响应。

（5）编写代码，执行与每一个回叫函数相关的行为。

7.2.1　打开和创建 GUI 界面

（1）首先打开 MATLAB，在 Command Window 中输入 guide，然后按回车键。如图 7-2 所示。

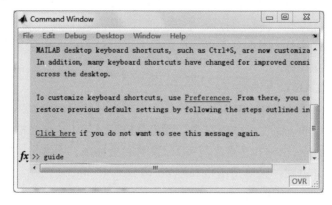

图 7-2　在 Command Window 中打开 guide

当然也可以通过工具栏的 GUIDE 按钮直接打开，如图 7-3 所示。

图 7-3　在工具栏中打开 guide

（2）此时打开 GUI 编辑器，如图 7-4 所示。

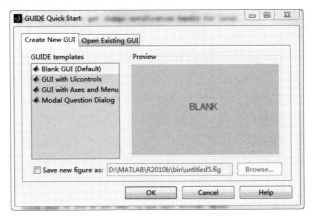

图 7-4　打开 GUI 编辑器

界面上有两个标签，即 Creat New GUI 和 Open Existing GUI。

如果创建新的 GUI，此时我们选择第一个标签，但如果打开其他已经存在的 GUI 就选择第二个标签。

选择第一个标签下的 Blank GUI（空白 GUI），单击 OK 按钮正式进入 GUIDE 界面（图 7-5）。

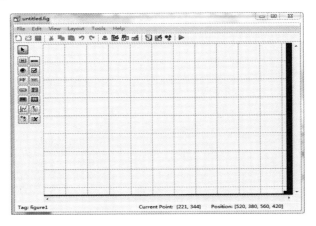

图 7-5　进入 GUIDE 界面

7.2.2　添加组件及其功能

我们用工具 guide 来创建 MATLAB-GUI，guide 是 GUI 集成开发环境。此工具允许程序员安排 GUI，选择和放置所需的 GUI 组件。一旦这些组件放置成功，程序员就能够编辑它们的属性：名字、颜色、大小、字体、所要显示的文本等。当 guide 保存了这个 GUI 之后它将会自动创建一个包括有骨干函数的工作程序，程序员可以利用这些程序执行 GUI 的执行动作。

当执行 guide 语句时，MATLAB 将会创建一个版面编辑器（Layout Editor），如图 7-5 所示。带有网格线的大空白区域被称为布局区（the Layout Area）。用户可以通过单击所需要的组件创建任意的目的 MATLAB 组件，然后通过拖动它的轮廓线，把它放置在布局区内。在这个窗口的上部用一个带有许多有用工具的工具条，它允许用户分配和联合 GUI 组件，修改每一个 GUI 组件的属性，在用户图形界面中添加菜单等。各工具功能描述如表 7-1 所示。

表 7-1　各图形控件功能描述

元素	创建元素的函数	描述
图形控件		
按钮（Pushbutton）	uicontrol	单击它将会产生一个响应
开关按钮（Togglebutton）	uicontrol	开关按钮有两种状态，即"on"、"off"，每单击一次，改变一次状态。每单击一次产生一个响应
单选按钮（Radiobutton）	uicontrol	若单选按钮处于 on 状态，则圆圈中有一个点
复选按钮（Checkbox）	uicontrol	当复选按钮处于 on 状态时，复选按钮中有一个对号
文本编辑框（Editbox）	uicontrol	编辑框用于显示文本字符串，并允许用户修改所要显示的信息。当按下回车键后将产生响应
列表框（Listbox）	uicontrol	列表框可显示文本字符串，可用单击或双击选择其中的一个字符串。当用户选择了其中一个字符串后，它将会有一个响应
下拉菜单（Popup Menus）	uicontrol	下拉菜单用于显示一系列的文本字符串，当单击时就会产生响应。当下拉菜单没有单击功能时，只有当前选择的字符串可见
滑动条（Slider）	uicontrol	每改变一次滑动条都会有一次响应

续表

元素	创建元素的函数	描述
静态元素		
框架 （Frame）	uicontrol	框架是一个长方形，用于联合其他控件。而它则不会产生反应
文本域 （Textfield）	uicontrol	标签是在图像窗口内某一点上的字符串
菜单和坐标系		
菜单项 （Menuitems）	Uimenu	创建一个菜单项。当单击它们时，将会产生一个响应
右键菜单 （Contextmenus）	Uicontextmenu	创建一个右键菜单
坐标系 （Axes）	Axes	用它来创建一个新的坐标系

　　双击组件，将跳出该控件的"属性查看器"（Property Inspector），如图 7-6 所示。

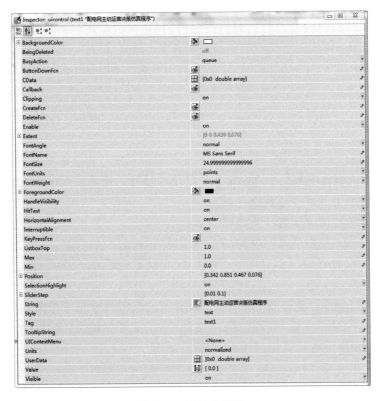

图 7-6　属性查看器

GUI 控件的几个常用属性说明如下。

position：指示空间在 figure 中的位置。

font**：字体相关属性。

string：相当于 VB 中的 caption，就是显示在控件上的文字。

tag：控件的唯一标识符，相当于 ID，我们需要 tag 来指定某一个空间。

7.3　基于 MATLAB-GUI 进行 exe 文件的转换方法

1. 方法一

已有 gui.m 文件和 gui.fig 文件。

（1）在 MATLAB 的 command 窗口中输入：mcc-B sgl GUI.m。

（2）将（1）中生成的文件包括*m 文件和*.fig 文件一起复制到待运行的机器，此时仍需 MATLAB 所必需的动态连接库。

（3）将<matlab path>/extern/lib/win32/mglinstallar.exel 复制到到待运行机器上。

（4）在机器上先运行 mglinstallar.exe，然后选择解压目录，将在指定目录下解压缩出 bin 和 toolbox 两个子目录，其中在 bin\win32 目录下就是数学库和图形库脱离 MATLAB 运行所需的所有动态连接库，共有 37 个。可以将这些.dll 复制到 system32，也可以直接放在应用程序目录下。而 toolbox 目录则必须与应用程序同一目录。

2. 方法二

MATLAB 编程很方便，具有强大的矩阵运算功能，包含很多好用的工具箱，但是一般情况下程序都要在 MATLAB 环境中运行，能否脱离这个环境打包发布呢？MATLAB 也提供了这样的工具。

（1）转化为 c/c＋＋程序并编译为.exe。

先验证 mcc 是否可用，用 MATLAB 中的 example 验证即可。

建议不用 MATLAB 默认的 lcc 编译器（可能有问题），可使用 VC6 编译器（按默认路径安装）。

由于带有界面，需要图像库支持，编译时应使用命令 mcc-B sglcpp pressure，编译生成若干 c/c＋＋源码，以及.exe 文件、bin 目录中 figure 菜单条/工具条文件（.fig）等。程序发布需要.exe、bin\、.fig。

（2）在未安装 MATLAB 的计算机上运行程序需要数学运行时库、图像运行时库以及用到的工具箱 mex 文件。

前两者已经在\matlab\extern\lib\win32mglinstaller.exe 压缩包中，将其解压，并在环境变量 path 中添加解压到的路径。

另外，若程序中还用到工具箱的其他东西，那么需要将此工具箱中需要的 mex 文件也一并放在解压到的路径，子文件夹位置与 MATLAB 中的位置相同。

（3）在确保.exe 程序可以运行的情况下，可以用 setup factory 打包发布。

以下通过注册表自动添加 path 路径：

```
%-------------------------------------------------------
Screen.Next();--进入下一个屏幕
resultDialog=Dialog.Message("注意","向环境变量中加入 matlab
数学库及图像库的安装路径? ",MB_YESNO,MB_ICONINFORMATION,MB_ DEFB
UTTON1);
    if(resultDialog==IDYES)then--加入安装路径
    strPath=Registry.Get(HKEY_CURRENT_USER,"Environment","p
ath",true);
    if strPath~="" then
      strPath=String.Concat(strPath,";");
    end
    strPathToAdd=SessionVar.Expand("%AppFolder%");
    strPathToAdd=String.Concat(strPathToAdd,"//MATLAB6p5//
bin//win32");
    --如果路径中无该位置,则加入
    if String.Find(strPath,strPathToAdd)==-1 then
      strPath=String.Concat(strPath,strPathToAdd);
      Registry.Set(HKEY_CURRENT_USER,"Environment","path",
strPath, REG_SZ);
    end
    end
%-------------------------------------------------------
```

7.4　软件使用说明

7.4.1　安装软件运行环境

在程序文件夹中找到 MCRInstaller.exe 文件，根据提示进行安装（图 7-7）。

MCRInstaller.exe

图 7-7　安装优化软件

7.4.2　软件启动

双击软件文件夹中的"配电网运营仿真程序.exe"启动仿真软件（图 7-8 和图 7-9），出现启动窗口。

配电网运营仿真程序.exe
2016/10/29 10:19
1.86 MB

图 7-8　双击启动优化软件

图 7-9　软件启动

7.4.3 配电网主动运营仿真模块

1. 基于电网效益最大的电价运营范围估计

基于电网效益最大的电价运营范围估计流程图如图7-10所示,计算步骤如下。

步骤 1:输入仿真初始系统参数:主动配电网系统配电容量和间歇式能源装机容量;由于讨论的是配电网中包含间歇式能源出力的源荷供需平衡问题,即为"点对点"供需平衡问题,因此灵活运营中关注的是系统配电容量和间歇式能源及在当前电力供需条件下典型电网负荷曲线。

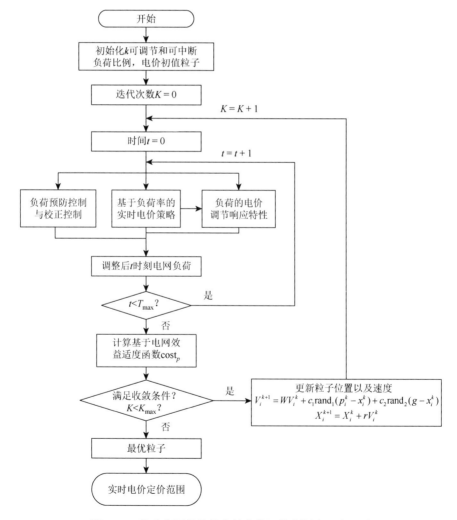

图 7-10 基于电网效益最大的电价运营范围估计流程图

步骤 2：实时电价的作用是通过动态发布电价来调节用户负荷，减小负荷的波动水平，以有效降低配变容量并提高其利用率。由于配变容量是一个定值，负荷率是配电网负荷与配变容量的比值，因此当用实时电价动态调节负荷时，可以按照随着负荷率增加电价升高，随着负荷率下降电价降低的原则确定。遵循此原则，并结合希望利用实时电价维持负荷率在期望范围内运行的目标，基于用户对于实时电价响应的特性，可确定实时电价定价方法。

步骤 3：基于电网负荷率的负荷预防控制和校正控制，进行实时电价调节配电网负荷的过程中，当配电网负荷率超出预防控制的负荷率设定阈值时，将启动基于可调节负荷的负荷率预防控制。当采用负荷率预防控制无法使配电网负荷率保持在预防控制所对应负荷率设定值下运行，且超出比该设定值更大的校正控制所对应负荷率设定值时，根据各负荷协议可中断用户承诺的可中断负荷量，将进行负荷可中断控制用户选择，然后通过配电自动化系统向各协议负荷可中断用户的 AMI 发送负荷中断指令，中断对所选择可中断负荷的供电，使负荷率恢复至负荷率校正控制设定值以下运行。

步骤 4：基于步骤 2 的实时电价定价策略及步骤 3 所示的负荷预防控制和校正控制，结合负荷的电价响应特性可以有效地预测负荷出力情况，将实时电价初始范围作为电网的初始粒子，利用步骤 2～步骤 4 的负荷预测，运行 96 个时间点（每一点 15min），利用电网侧效益计算方法计算电网效益，经过粒子群优化算法的多次迭代寻出电网效益最大的粒子。

步骤 5：输出电网效益最大的一组结果输出为寻优结果，输出电网效益最大的主动配电网用户比例以及电价定价范围。

程序操作流程如下。

在主界面单击"基于电网效益最大的电价运营范围估计"按钮（图 7-11），就能进入"基于电网效益最大的电价运营范围估计"界面。在此界面中输入各类型用户之间的比例（注：可调节电力用户和可中断电力用户的负荷占配变容量的比例之和小于 1）、配电网系统配电容量（MV·A）和间歇式能源装机容量（MW）（图 7-12），单击"运行"按钮后，软件即可运用电网成本效益模型，寻优出最大的电网利益对应的最优电价范围，运算结果在界面的坐标系中显示。

2. 基于差异化用电成本的运营优化

基于差异化用电成本的运营优化流程图如图 7-13 所示。

计算步骤如下。

步骤 1：初始化设置将可调节和可中断负荷比例以及储能装机比例、电价设为寻优粒子。

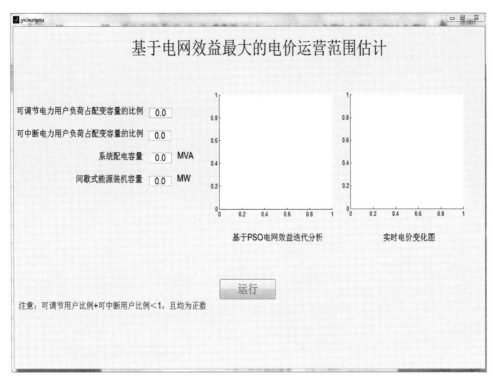

图 7-11　基于电网效益最大的电价运营范围估计

图 7-12　参数输入窗口

步骤 2：实时电价的作用是通过动态发布电价来调节用户负荷，减小负荷的波动水平，以有效降低配变容量并提高其利用率。由于配变容量是一个定值，负荷率是配电网负荷与配变容量的比值，因此当用实时电价动态调节负荷时，可以按照随着负荷率增加电价升高，随着负荷率下降电价降低的原则确定。遵循此原

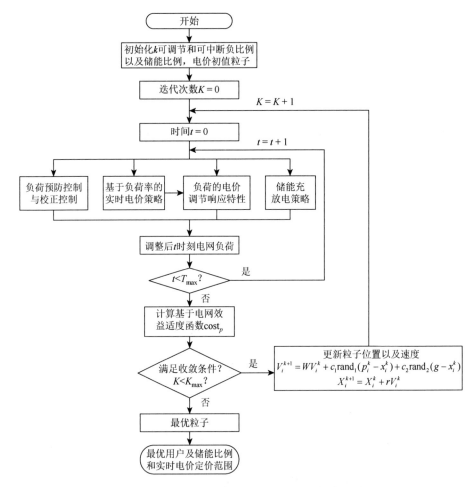

图 7-13　基于差异化用电成本的运营优化流程图

则，并结合希望利用实时电价维持负荷率在期望范围内运行的目标，基于用户对
于实时电价响应的特性，可确定实时电价定价方法。

　　步骤 3：基于电网负荷率的负荷预防控制和校正控制，进行实时电价调节配
电网负荷的过程中，当配电网负荷率超出预防控制的负荷率设定阈值时，将启动
基于可调节负荷的负荷率预防控制。当采用负荷率预防控制无法使配电网负荷率
保持在预防控制所对应负荷率设定值下运行，且超出比该设定值更大的校正控制
所对应负荷率设定值时，根据各负荷协议可中断电力用户承诺的可中断负荷量，
将进行负荷可中断控制用户选择，然后通过配电自动化系统向各协议负荷可中断
电力用户的 AMI 发送负荷中断指令，中断对所选择可中断负荷的供电，使负荷率
恢复至负荷率校正控制设定值以下运行。

步骤 4：储能充放电策略是根据当前负荷大小情况，通过控制储能装置的充放电来达到削峰填谷的目的，充放电过程要受到储能装置充放电速率的约束，要充分考虑储能装置的充放电特点，结合负荷实际情况，制订行之有效的储能装置充放电计划。

步骤 5：基于步骤 2 所示的实时电价定价策略、步骤 3 所示的负荷预防控制和校正控制以及步骤 4 的储能充放电策略，结合负荷的电价响应特性可以有效地预测负荷出力情况，将实时电价初始范围作为电网的初始粒子，利用步骤 2～步骤 4 的负荷预测，运行 96 个时间点（每一点 15min），利用电网侧效益计算方法计算电网效益，经过粒子群优化算法的多次迭代寻出电网效益最大的粒子。

步骤 6：输出电网效益最大的一组结果输出为寻优结果，输出电网效益最大的主动配电网用户比例、储能比例以及电价定价范围。

程序操作流程如下。

单击"基于差异化用电成本的运营优化"按钮进入界面（图 7-14）。在此界面中用户只需输入配电网系统配电容量（MV·A）和间歇式能源装机容量（MW）（图 7-15），单击"运行"按钮后，软件即可实现运用电网成本效益模型，按照电价范围寻优电价模型，寻优最大的电网利益且对应出相应的用户和储能最优分配比例，运算结果在界面的坐标系中显示。

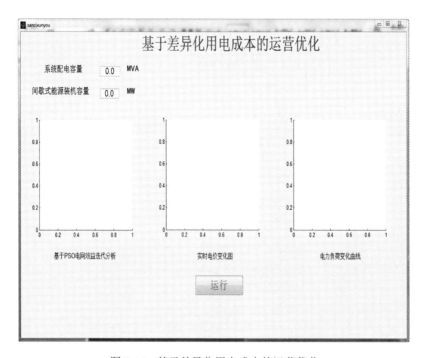

图 7-14　基于差异化用电成本的运营优化

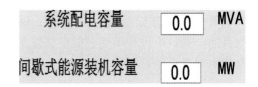

图 7-15　参数输入窗口

3. 基于电网效益最优的运营控制

仿真算例分为两步，首先是基于电网效益最大的电价运营范围估计方法确定运营电价搜索区间 $[m_{min}, m_{max}]$，其次在当前实时电价控制周期，在电价运营区间 $[m_{min}, m_{max}]$ 内，搜索满足负荷率约束条件的电价区间 $[m(i)_{low}, m(i)_{up}]$，然后在满足负荷率约束条件的电价区间 $[m(i)_{low}, m(i)_{up}]$，基于逐点电价作用下的配电网潮流分析和运营成本效益分析 $cost_p(m(i))$，就可以得到满足约束条件的电价集合 $\{m(k)\}$ 和不满足约束条件的电价集合 $\{m(j)\}$，然后判断集合 $\{m(k)\}$ 是否存在，如果存在，则最优实时电价为 $p = \max(cost_p(m(k)))$，否则最优实时电价为 $p = \max(cost_p(m(j)))$（图 7-16）。

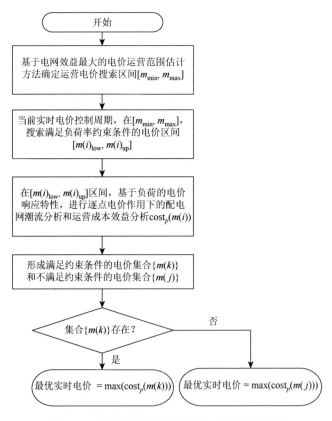

图 7-16　基于电网效益最优的运营控制流程图

在得出满足负荷率约束条件的电价区间之后，会从 $m(i)_{low}$ 开始迭代，到 $m(i)_{up}$ 为止。每迭代一次电价，都需要计算用户响应电价的调节量来估计出各个负荷的负荷量，然后代入 MATPOWER 进行潮流计算。在仿真算例中，采用的是 MATPOWER 仿真软件来完成最优潮流计算的。

MATPOWER 是一个基于 MATLAB m 文件的组建包，用来解决电力潮流和优化潮流的问题。它致力于为研究人员和教育从业者提供一种易于使用和可更新的仿真工具。MATPOWER 的设计理念是用尽可能简单、易懂，可更新的代码来实现最优秀的功能。

MATPOWER 所用的所有数据文件均为 MATLAB 的 M 文件或者 MAT 文件，它们用来定义和返回变量：baseMVA、bus、branch、gen、areas 和 gencost。变量 baseMVA 是标量，其他的都是矩阵。矩阵的每一行都对应于一个单一的母线、线路或者发电机组。列的数据类似于标准的 IEEE 和 PTI 列的数据格式。

MATPOWER 拥有 5 种潮流计算方法，它们可以通过 runpf 来调用。除了可以输出到屏幕之外（作为默认方式），runpf 还可以有以下的返回选项选择参数来输出解：

```
>>[baseMVA,bus,gen,branch,success,et]=runpf(casename);
```

默认的潮流计算方法是标准的潮流法，采用全雅可比矩阵迭代求解。这种方法在许多文献中都有提到。法则 2 和法则 3 是改进型快速解法。MATPOWER 采用 XB 和 BX 变换。法则 4 是标准的高斯-赛德尔法（Gauss-Seidel Method），基于意大利博洛尼亚大学的 Alberto Borhetti 的贡献的代码开发。因此，要使用默认的牛顿法之外的其他算法，PF_ALG 选项必须进行正确的设置。例如，要使用 XB 快速解耦算法：

```
>>mpopt=mpoption('PF_ALG',2);
>>runpf(casename,mpopt);
```

后一种算法是直流潮流算法，它的使用是通过设置 PF_DC 为 1，运行 runpf 而进行的，或者直接使用 rundcpf。直流潮流的计算是通过直接不迭代的方法来解母线电压相角和指定母线的有功注入获得。ENFORCE_Q_LIMS 选项被设为 true（默认为 false），并且运行过程中有任何发电机组的无功越限，相应的母线被转换为 PQ 母线（节点），将无功出力设定在限制值，并且重新计算案例。该母线的电压幅值为满足无功限制的要求将偏离指定值。如果参考母线（节点）的有功出力达到限制值，该节点将自动转化为 PQ 母线（节点），在下一轮迭代中第一个依然存在的 PV 母线（节点）将被当作松弛母线（节点），这将导致该母线（节点）的机组有功出力稍微偏离指定值。通常，没有 MATPOWER 的潮流解法中不包含变压器分接头的改变或者操作，或者部分系统从网络中解列等。

潮流计算的解法，除了高斯-赛德尔法之外，其他方法都可以很好地解决大规模网络问题，因为这些算法和计算充分利用了 MATLAB 的内部稀疏矩阵处理。

MATPOWER 提供多种解算最优潮流问题（OPF）的方法，可以通过访问函数 runopf 的方法实现。除了提供将计算结果输出到屏幕之外（默认），runopf 函数还可以通过设置以下的参数返回解到其他地方：

```
>>[baseMVA,bus,gen,gencost,branch,f,success,et]=runopf
(casename);
```

BaseMVA 变量是一个标量，用来设置基准容量。bus 变量是一个矩阵，用来设置电网中各母线参数，其格式为 bus-i、type、Pd、Qd、Gs、Bs、area、Vm、Va、baseKV、zone、Vmax、Vmin。格式中的 bus-i 用来设置母线编号，范围为 1～299970；type 用来设置母线类型，1 为 PQ 节点母线，2 为 PV 节点母线，3 为平衡（参考）节点母线；Pd 和 Qd 用来设置母线注入负荷的有功和无功功率；Gs、Bs 用来设置与母线并联电导和电纳；baseKV 用来设置该母线的基准电压；Vm 和 Va 用来设置母线电压的幅值和相位初值；Vmax 和 Vmin 用来设置工作时母线的最高与最低电压幅值；area 和 zone 用来设置电网断面号和分区号，一般都设置为 1，设置范围分别为 1～100 和 1～9990。branch 变量也是一个矩阵，用来设置电网中各支路参数，其格式为 fbus、tbus、r、x、b、rateA、rateB、rateC、ratio、angle、status。fbus 和 tbus 用来设置该支路由起始节点（母线）编号和终点节点（母线）编号；r、x 和 b 用来设置该支路的电阻、电抗和充电电纳；rateA、rateB 和 rateC 分别用来设置该支路的长期、短期和紧急允许功率；ratio 用来设置该支路的变比，如果支路元件仅仅是导线则为 0，如果支路元件为变压器，则该变比为 fbus 侧母线的基准电压与 tbus 侧母线的基准电压之比；angle 用来设置支路的相位角度，如果支路元件为变压器，其值就是变压器的转角，如果支路元件不是变压器，则相位角度为 0。

gen 变量也是一个矩阵，用来设置接入电网中的发电机（电源）参数，其格式为 bus、Pg、Qg、Qmax、Qmin、Vg、mBase、status、Pmax、Pmin。bus 用来设置接入发电机（电源）的母线编号；Pg 和 Qg 用来设置接入发电机（电源）的有功和无功功率；Pmax 和 Pmin 用来设置接入发电机（电源）的有功功率的最大、最小允许值；Qmax 和 Qmin 用来设置接入发电机（电源）的无功功率最大、最小允许值；Vg 用来设置接入发电机（电源）的工作电压；mBase 用来设置接入发电机（电源）的功率基准；status 用来设置发电机（电源）工作状态，1 表示投入运行，0 表示退出运行。Matpower 中几种函数的定义：rcdf2matp.m 是将数据从 IEEE CDF 格式转换成 MATPOWER 格式；runcomp.m 运行两个最优潮流并且比较它们的结果；rundcopf.m 运行直流最优潮流计算；rundcpf.m 运行直流潮流计算；runduopf.m 运行可以处理高价机组停机的直流 OPF；runopf.m 是运行最优潮流计算程序，可运行一个潮流计算程序；runuopf.m 运行可以处理高价机组停机的 OPF。

本章应用的是 runpf.m，即将编写好的程序存为 casei（i 是自己设定的序号），并存在 Matpower 的文件夹下，接着在 MATLAB 的命令窗口输入 runp'f（casei'），然后按回车键即可得到结果。

在完成最优潮流计算之后，会根据潮流计算得出的结果，比较涉及系统供电质量和安全运行的某些参数（如母线电压、线路潮流等）是否处于系统或设备安全运行的允许范围之内。可用下列数学表达式表示：

$$U_{i\min} \leqslant U_i \leqslant U_{i\max} \tag{7-3}$$

$$P_{Gi\min} \leqslant P_{Gi} \leqslant P_{Gi\max} \tag{7-4}$$

$$Q_{Gi\min} \leqslant Q_{Gi} \leqslant Q_{Gi\max} \tag{7-5}$$

$$S_{ij\min} \leqslant S_{ij} \leqslant S_{ij\max} \tag{7-6}$$

$$f_{\min} \leqslant f \leqslant f_{\max} \tag{7-7}$$

除此之外，为了避免线损过大，将线损范围设定为[0 0.1]，搜寻出满足所有限定条件的电价，然后计算这个电价情况下的成本效益，并对各个成本效益进行排序，选出效益达到最高所对应的电价，将这个电价作为最优电价。

程序操作流程如下。

单击"基于电网效益最优的运营控制"按钮进入"基于电网效益最优的运营控制（单步）"界面。在此界面实现的功能是在特定网架下，运用电网成本效益模型，各类型用户之间的比例一定，寻优最大的电网利益且对应出某一时间断面的最优运营电价。

首先输入参数，其具体操作如下。

（1）用户可以手动输入 10 组实测的负荷值，输入窗口如图 7-17 所示。

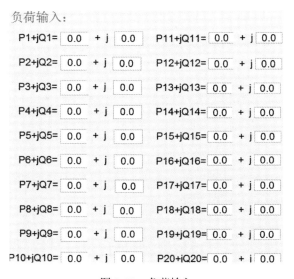

图 7-17　负荷输入

（2）单击“导入数据”按钮会出现如图 7-18 所示界面，单击任意已保存的历史数据文本，然后单击“打开”按钮，则完成历史数据导入。

选择文件
查找范围(I):
程序(总)
我最近的文档
桌面
我的文档
我的电脑
网上邻居
负荷(1).txt
负荷(2).txt
负荷(3).txt
负荷(4).txt
负荷(5).txt
负荷(6).txt
负荷(7).txt
负荷(8).txt
负荷(9).txt
负荷(10).txt
文件名(N):
负荷(10).txt
文件类型(T):
text files(*.txt)
打开(O)
取消

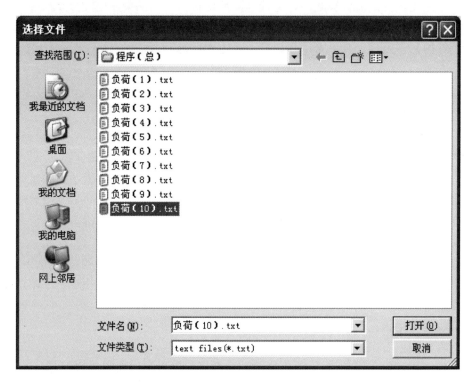

图 7-18　数据导入窗口

历史负荷数据输入格式编辑严格按照下列格式书写，如图 7-19 所示。

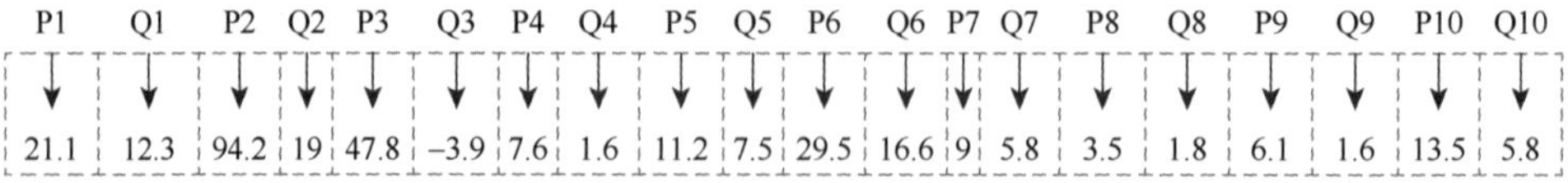

P1 Q1 P2 Q2 P3 Q3 P4 Q4 P5 Q5 P6 Q6 P7 Q7 P8 Q8 P9 Q9 P10 Q10
21.1 12.3 94.2 19 47.8 −3.9 7.6 1.6 11.2 7.5 29.5 16.6 9 5.8 3.5 1.8 6.1 1.6 13.5 5.8

图 7-19　历史负荷数据输入格式

当数据输入完成后，单击“电价输出”按钮，此时依据实时负荷优化出的最优电价就会在右侧显示，如图 7-20 所示。

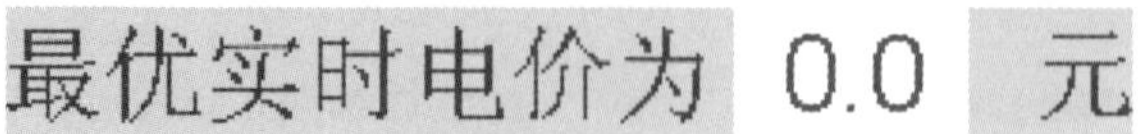

最优实时电价为 0.0 元

图 7-20　最优实时电价显示

（3）单击"运营控制（多步）"按钮，进入"基于电网效益最优的运营控制（多步）"界面（图 7-21）。此界面程序实现的功能是在特定网架下，运用电网成本效益模型，给定的各类型用户之间的比例（基本电力用户所占比例为 0.3，可调节电力用户所占比例为 0.3，可中断电力用户所占比例为 0.4），寻优最大的电网利益且对应出全天 96 点连续的最优电价。

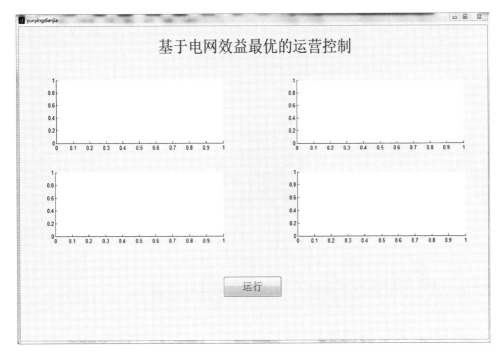

图 7-21　基于电网效益最优的运营控制（多步）

单击"运行"按钮后在界面的四块画布中将会分别仿真出电网利益迭代图、实时电价范围、负荷控制曲线和最优实时电价（图 7-22）。

7.4.4　退出软件

单击每个界面右上角的 ☒ 按钮退出软件。

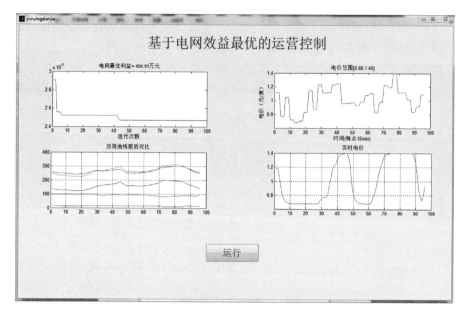

图 7-22　基于电网效益最优的运营控制（多步）仿真结果

7.5　算 例 分 析

7.5.1　基于电网效益最大的电价运营范围估计仿真

取基本电力用户负荷占配变容量的比例为 0.5，可调节电力用户负荷占配变容量的比例为 0.3，可中断电力用户负荷占配变容量的比例为 0.2，ADN 系统配电容量为 100MV·A，间歇式能源装机容量为 24MW，仿真计算结果如图 7-23 所示。

由图 7-23 可知，当给出任意特定的用户比例、系统配电容量、间歇式能源装机容量，软件经过一系列计算后即可运行显示经过粒子群优化算法迭代出的电网最优利益以及最优电价范围。

7.5.2　基于差异化用电成本的运营优化仿真

给定系统配电容量为 100MV·A，间歇式能源装机容量为 24MW，软件运行结果如图 7-24 所示。

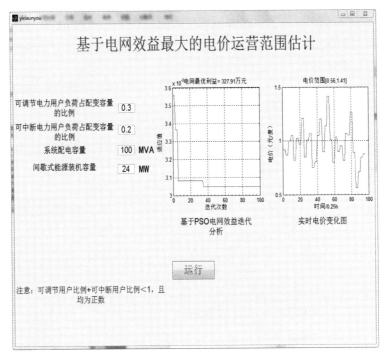

图 7-23　基于电网效益最大的电价运营范围估计仿真算例

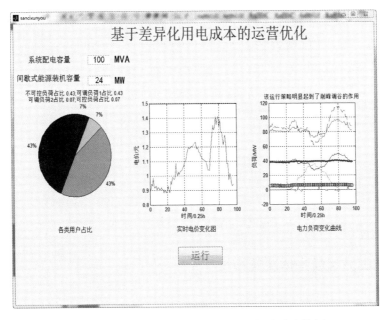

图 7-24　基于差异化用电成本的运营优化仿真算例

由图 7-24 可知，当给定系统配电容量和间歇式装机容量后，软件即可运行出电网最优利益迭代分析、实时电价运行范围、运行负荷和效益对比曲线以及最优用户比例（含储能）。

7.5.3　基于电网效益最优的运营控制

当给定任意十组负荷数据后，软件即可依据既定的系统网架图，快速运行出最优实时电价，仿真结果如图 7-25 所示。

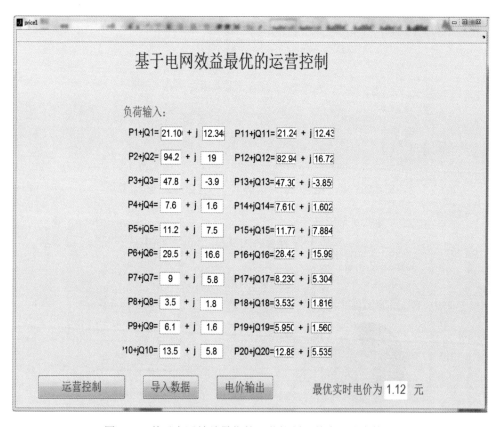

图 7-25　基于电网效益最优的运营控制（单步）仿真算例

7.5.4　第三方运营主体决策模块

本算例立足于大理某售电公司，选取大理下关的一个综合区域作为研究对象，利用所提出的优化方法进行优化设计，提出能够满足该区域所有能源需求的分布式能源系统设计方案。该综合区域包括办公楼，办公区面积共 230114m²，医学院与药学院组团（其中有医学专业图书馆，面积为 11494m²，另外包括一个食堂），农生组团，包括办公室和实验室，所选区域总面积为 484866m²。具体能源负荷情况如表 7-2 所示。

表 7-2　大理下关某区域部分区域不同季节能源负荷情况

负荷单位	冬季		春秋季		夏季	
	峰值负荷/MW	能耗/(MJ/天)	峰值负荷/MW	能耗/(MJ/天)	峰值负荷/MW	能耗/(MJ/天)
用电	26.4	451639.4	24.9	440637.3	22.7	410674.7
供暖	31.2	733331.9	9.2	250006.2	0.0	0.0
生活热水	29.7	527004.4	29.7	527004.4	18.7	306960.8
制冷	2.2	34986.9	8.1	196095.5	23.8	410307.9

该模块输入界面如图 7-26 所示。

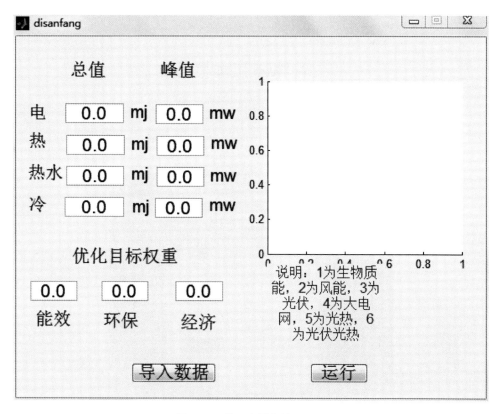

图 7-26　第三方模块输入界面

当输入权重为 1∶5.7∶1.14 时，输出结果如图 7-27 所示，表示第三方运营方如何能够获得最大经济效益。

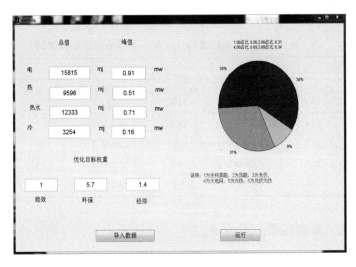

图 7-27　第三方模块输出界面

7.6　Web 版本扩展

为适应电力市场开放的实际情况，为用户提供开放性的服务平台，软件开发Web 版本用于公众服务。输入 Web 版本网址后可得到如图 7-28 所示界面。

图 7-28　Web 登录界面

再输入相关数据后，能连接到后台服务器，进行运算，最终将结果展示在Web 界面上，如图 7-29 所示，让软件计算具有更好的远程操控性。

图 7-29　Web 输入界面

本章在前面理论研究基础上，基于 MATLAB 的 GUI 程序进行了所研究非市场运营模式下的配电网主动运营策略和市场运营模式下第三方主动运营策略的程序设计，形成了配电网基于差异化用电成本的主动运营辅助决策软件。详细讨论了软件四个构成子程序模块的功能和软件的操作方法。

上述项目研究工作不仅对于优化主动配电网的规划建设具有重要意义，为根据配变容量和分布式电源容量合理优化主动配电网运营提供了评估和规划的理论依据，而且具有一定的创新性，所研究的运营方法对于深入开展主动配电网的运营模式研究具有很好的启发性。

但是值得指出的是，项目的研究还有很多不成熟的想法存在，属于主动配电网运营研究领域的探索性工作。仿真研究虽然论证了所研究运营策略的有效性和可行性，但所开展研究工作还有许多值得深入完善和改进的地方。例如，结合大数据融合技术深入开展负荷的电价响应特性、基于负荷率的实时电价定价方法、负荷需求度、ADN 中各运营主体的成本效益精细化分析模型、电网效益最优运营中的储能协调控制策略等。随着主动配电网建设的推进，以及运行控制经验的积累，根据实际运营统计数据进一步深入完善上述问题研究，这些都是非常值得继续深入开展研究的工作。

主要参考文献

丁宁. 2002. 基于 DSM 的峰谷时段划分及分时电价的研究[D]. 南京：南京理工大学.

范明天，张祖平，苏傲雪，等. 2013. 主动配电系统可行技术的研究[J]. 中国电机工程学报，33（22）：12-18.

范明天，张祖平. 2014. 主动配电网规划相关问题的探讨[J]. 供用电，（1）：22-27.

范明天. 2010. 2010 年国际大电网会议配电系统及分散发电组研究进展与方向[J]. 电网技术，34（12）：6-10.

郜璘. 2010. 基于用户响应的峰谷分时电价决策优化模型的应用研究[D]. 合肥：合肥工业大学.

洪小雨. 2014. 主动配电网故障恢复重构研究[D]. 北京：北京交通大学.

黄海涛，顾群音，曹炜. 2014. 分布式光伏上网电价国际经验及其对我国的启示[J]. 价格月刊：1-4.

金虹，衣进. 2012. 当前储能市场和储能经济性分析[J]. 储能科学与技术，11（2）：103-111.

李红，赵杨，冷莉. 2014. 主动配电网技术及其进展[J]. 中国科技信息，（12）：25-26.

李同智. 2012. 灵活互动智能用电的技术内涵及发展方向[J]. 电力系统自动化，36（2）：11-17.

刘宝碇，瑞清，王纲. 2003. 不确定规划及应用[M]. 北京：清华大学出版社.

刘观起，张建，刘瀚. 2005. 基于用户对电价反应曲线的分时电价的研究[J]. 华北电力大学学报，32（3）：23-27.

刘广一，黄仁乐. 2014. 主动配电网的运行控制技术[J]. 供用电，（1）：30-32.

刘凯，李幼仪. 2014. 主动配电网保护方案的研究[J]. 中国电机工程学报，34（16）：2584-2590.

刘跃新，熊浩清，罗汉武. 2010. 智能电网成本效益分析及测算模型研究[J]. 华东电力，38（6）：821-823.

隆跃. 2013. 基于碳排放效率的产业链碳交易模型研究[D]. 成都：电子科技大学.

罗运虎，邢丽冬，王勤，等. 2009. 峰谷分时电价用户响应模型参数的最小二乘估计[J]. 华东电力，1：67-69.

钱伟. 2013. 光伏上网电价及其政策研究[D]. 上海：华东理工大学.

孙宇军，李扬，王蓓蓓，等. 2014. 计及不确定性需求响应的日前调度计划模型[J]. 电网技术，38（10）：2708-2714.

谢季坚，刘承平. 2005. 模糊数学方法及其应用[M]. 武汉：华中科技大学出版社.

熊虎，向铁元，陈红坤，等. 2013. 含大规模间歇式电源的模糊机会约束机组组合研究[J]. 中国电机工程学报，33（13）：36-44.

尤毅，刘东，于文鹏，等. 2012. 主动配电网技术及其进展[J]. 电力系统自动化，36（18）：10-16.

尤毅，刘东，钟清，等. 2014. 多时间尺度下基于主动配电网的分布式电源协调控制[J]. 电力系统自动化，38（9）：192-198，203.

尤毅，刘东，钟清，等. 2014. 主动配电网优化调度策略研究[J]. 电力系统自动化，38（9）：177-183.

于会萍，刘继东，程浩忠，等. 2001. 电网规划方案的成本效益分析与评价研究[J]. 电网技术，25（7）：32-35.

余南华，钟清. 2014. 主动配电网技术体系设计[J]. 供用电，（1）：33-35.

郁松. 2013. 电网建设工程项目风险管理研究[D]. 昆明：昆明理工大学.

袁铁江，刘沛汉，陈洁，等. 2014. 基于储能技术并网的高穿透功率风电广义运行成本计算模型研究[J]. 电网技术，11（2）：60-66.

章健，张弛，董惠荣，等. 2013. 基于多代理的含分布式能源的主动配电网及运营管理系统研究[J]. 华东电力，41（11）：2229-2232.

张景超，陈卓娅. 2010. AMI 对未来电力系统的影响[J]. 电力系统自动化，34（2）：20-23.

赵捧莲. 2012. 国际碳交易定价机制及中国碳排放权价格研究[D]. 上海：华东师范大学.

曾鸣，马少寅，刘洋，等. 2012. 基于需求侧响应的区域微电网投资成本效益分析[J]. 水电能源科学，30（7）：190-193.

曾祥君，罗莎，胡晓曦，等. 2013. 主动配电网系统负荷控制与电能质量监测[J]. 电力科学与技术学报，28（1）：41-47.

Alvarado F. 1999. The stability of power system markets[J]. IEEE Transactions on Power Systems，14（2）：505-511.

Corradi O，Ochsenfeld H，Madsen H，et al. 2013. Controlling electricity consumption by forecasting its response to varying prices[J]. IEEE Transactions on Power Systems，28（1）：421-429.

D'Adamo C，Abbey C，Buchholz B，et al. 2011. Development and operation of active distribution networks：Results of CIGRE C6. 11 working group [C]. 21st International Conference on Electricity Distribution，Frankfurt.

Dorini G，Pinson P，Madsen H. 2013. Chance-constrained optimization of demand response to price signals[J]. IEEE Transactions on Smart Grid，4（4）：2072-2080.

Hidalgo R，Abbey C，Joos G. 2011. Technical and economic assessment of active distribution network technologies [C]. Power and Energy Society General Meeting，Detroit.

Hidalgo R，McGill U，Abbey C，et al. 2010. A review of active distribution networks enabling technologies[C]. IEEE PES General Meeting，Minneapolis.

Hu Z，Li F. 2012. Cost-benefit analyses of active distribution network management，Part I：Annual benefit analysis[J]. IEEE Transaction on Smart Grid，3（3）：1067-1074.

Hu Z，Li F. 2012. Cost-benefit analyses of active distribution network management，Part II：Investment reduction analysis[J]. IEEE Transaction on Smart Grid，3（3）：1075-1081.

Ji Hoon Yoon，Baldick R，Novoselac A. 2014. Dynamic demand response controller based on real-time retail price for residential buildings[J]. IEEE Transactions on Smart Grid，5（1）：121-129.

Martins V F，Borges C L T. 2011. Active distribution network integrated planning incorporating distributed generation and load response Uncertainties [J]. IEEE Fronsactions on Power System，26：2164-2172.

Mnatsakanyan A，Kennedy S W. 2015. A novel demand response model with an application for a virtual power plant[J]. IEEE Transactions on Smart Grid，6（1）：230-237.

Norgaard P，Isleifsson F R. 2013. Use of local dynamic electricity prices for indirect control of DER power units[C]. 22nd International Conference and Exhibition on Electricity Distribution, Stockholm: 1-4.

Roozbehani M, Dahleh M A, Mitter S K. 2012. Volatility of power grids under real-time pricing[J]. IEEE Transactions on Power Systems, 27 (4): 1926, 1940.

Roozbehani M, Munther D, Mitter S. 2010. Dynamic pricing and stabilization of supply and demand in modern electric power grids[C]. 2010 First IEEE International Conference on Smart Grid Communications, Caithersburg: 543-548.

Safdarian A, Fotuhi-Firuzabad M, Lehtonen M. 2014. Integration of price-based demand response in DisCos' short-term decision model[J]. IEEE Transactions on Smart Grid, 5 (5): 2235, 2245.

Samuelsson O, Repo S, Jessler R, et al. 2010. Active distribution network—Demonstration project ADINE [C]. ISGT Europe, Gothenburg.

Subramanian S, Ghosh S, Hosking J R M, et al. 2013. Dynamic price optimization models for managing time-of-day electricity usage[C]. 2013 IEEE International Conference on Smart Grid Communications, Vanoouver: 163-168.

Xu Z, Diao R, Lu S, et al. 2014. Modeling of electric water heaters for demand response: A baseline PDE model[J]. IEEE Transactions on Smart Grid, 5 (5): 2203-2210.

Zhang W, Lian J, Chang C, et al. 2013. Aggregated modeling and control of air conditioning loads for demand response[J]. IEEE Transactions on Power Systems, 28 (4): 4655-4664.

Zhao Z, Wu L, Song G. 2014. Convergence of volatile power markets with price-based demand response[J]. IEEE Transactions on Power Systems, 29 (5): 2107-2118.